DUNKEL
PILSENER
LAMBIC
HELLES
PINT
DRAUGHT
LAGER
PALE
BEER
ALT
PUB
ALTBIER
Weißbier
Oktoberfest
KB146854

DUNKEL
BOCK
PILSENER
03
LAMBIC
HELLES
PINT
Weißbier
LAGER
DRAUGHT
PALE
BEER
PUB
ALT
Beer
ALTBIER
Oktoberfest

DUNKEL
PILSENER
LAMBIC
HELLES
PINT
DRAUGHT
LAGER
PALE
BEER
PUB
ALTBIER
Beer

DUNKEL
PILSENER
BOCK
STOUT
03
LAMBIC
HELLES
PINT
Weißbier
LAGER
DRAUGHT
PALE
BEER
PUB
ALT
Beer
ALTBIER
Oktoberfest

오늘도
마십니다,
맥주

이왕이면 지적이고 우아하게 한잔합시다

오늘도 마십니다, 맥주

이재호 지음

다온북스
DAON BOOKS

서문

낯선 맥주와의 대화를 앞둔 당신에게

참 좋은 시대에 살고 있다. 집 앞 편의점에만 가도 여러 나라 맥주들이 진열되어 있고 조금 더 발품을 팔면 수백 종류의 맥주를 즐길 수 있는 펍Pub이 즐비하다. 마트 매대도 전 세계에서 온 형형색색의 맥주들이 가득 채워져 있는 걸 보면, '주당' 역사에서 가장 행복한 세대에 속해있다는 말이 과장은 아닌 듯싶다.

물론 다양한 선택지라는 건 불편함을 가져오기도 한다. 그렇잖아도 현대 사회는 개인을 수많은 선택에 놓이게 하지 않는가. 자본주의 사회 속 독창적인 소비는 개인의 개성을 드러내는 가장 손쉬운 방법이지만, 소비의 경지에 이르기까지 들여야 하는 노력이나 결정의 수는 참 많다. 게다가 할애할 수 있는 시간은 항상 부족하다.

이제는 그 어려움이 맥주 한 캔을 사는 순간까지 밀려온 셈이다. 불과 몇 년 전만 해도 비슷한 맛의 국산 맥주 몇 종류 중 손에 잡히는 '아무' 맥주를 골라 마시면 충분했지만 이제는 동네 편의점에서조차 전 세계에서 몰려온 후보자 중 '하나'를 골라야 한다.

맥주를 고르는 일. 바로 내가 글을 쓴 이유다. 이 책은 저녁마다 해외 맥주 코너 앞에서 내게 전화를 거는 친구들의 고통을 어떻게 하면 덜어줄 수 있을까, 하는 사소한 고민에서 시작됐다. 고백하자면 나는 맥주에 대해 전문적인 교육을 받은 적이 없거니와 식품이나 주류 관련 학과를 나오지도 않았다. 맥주와 관련된 일이라곤 대학 새내기 일일호프 때 카스 생맥주를 팔아 본 정도뿐이다. 나의 맥주 스승은 맥주 관련 서적, 유튜브와 해외 맥주 전문사이트에 올라온 테이스팅 노트들이었다. 그렇지만 확신할 수 있는 건, 보통 사람보다는 양적으로나 질적으로나 더 열렬하게 맥주를 사랑해왔다는 점이다. 처음에는 수험생활의 지루함을 달래기 위해 그날 마신 맥주들을 블로그에 올리는 것부터 시작했다. 6년이 지난 지금은 650개가 넘는 맥주들의 테이스팅 노트를 공유하는 블로그 〈지프리의 맥주일주〉의 운영자가 되어 있었다.

나 역시 처음에는 맥주에 대한 정확한 지식이 없어서 수많은 시행착오를 겪었다. 하지만 시중 마트에서 파는 맥주들을 마시고 그 느낌을 여러 리뷰들과 비교하는 과정에서 맥주의 맛을 표현하는 방법, 그리고 전 세계의 다양한 맥주 스타일의 차이를 이해하기 시작했다.

맥주를 마시는 궁극적인 목적은 단순히 취하기 위해서가

아니다. 자신의 스타일이라고 말할 수 있는 맥주를 찾고, 맥주 브랜드와 정체성에서 우러나는 감성을 즐기는 일이라는 것. 더 확대해서 말하자면 지금, 현재의 삶을 좀 더 풍요롭게 하는 데까지 이를 수 있다.

이 책은 수많은 맥주 사이에서 자신만의 맥주를 찾고 싶어 하는 사람, 그리고 좀 더 나아가 맥주에 대해 깊게 이해하고 싶어 하는 사람들을 위해 썼다. 다양한 종류의 맥주 스타일들을 최대한 이해하기 쉬운 방향으로 분류하고 정리해, 최소한의 시행착오로 개인 취향에 맞는 맥주를 고를 수 있는 노하우를 담아내고자 노력했다. 여기서 한 걸음 더 나아가 맥주를 깊게 이해하려는 사람을 위해 인류 역사와 맥주가 걸어온 길을 되짚어보고 오늘날 맥주 산업의 일반적인 상황에 대해서도 간략히 다루었다. 낭만적인 이야기도 있고 맥주에 대한 환상을 깨트리는 이슈들도 있다. 하지만 이 모든 것이 맥주를 둘러싸고 벌어지고 있는 여러 이야기라는 점에서 가감 없이 다루고자 했다. 다양한 범위를 다루려는 시도이다 보니 맥주 관련 분야를 전공했거나 맥주 산업에 오랫동안 몸담은 사람들에 비해서 전문성은 부족할 수 있다. 하지만 내 친구에게 맥주를 소개한다는 생각으로 최대한 쉽고 재미있게 이야기를 전달하려 노력했다.

대학 시절 문학 동아리에서 활동하면서 버킷 리스트에 작가가 되겠다는 꿈을 줄곧 간직해 왔다. 이 꿈을 이룰 수 있도록 도와준 수많은 사람들에게 감사를 전하고 싶다. 우선 내 블로그의 오랜 이웃이자, 경제학에 대한 깊은 식견을 가진 경제학 전문 블로거 강준형 님께 깊은 감사를 전하고자 한다. 그가 놓아 준 다리가 아니었다면 이 책을 펴낸 다온북스와의 인연도 없었을 것이고 작가는 꿈으로만 남았을 것이다. 또한 책 내용에 관해 지속적으로 소통하고, 또 격려하면서 책의 완성에 도움을 준 다온북스의 박주연 에디터, 그리고 일면식도 없는 블로거에게 책 출간의 기회를 흔쾌히 허락해 준 다온북스 대표님께도 감사를 전한다. 특히 국내에서 접할 수 없는 희귀한 맥주들을 경험하는 데 도움을 준 김도원, 김재환, 리훙타오李鸿涛, 박상완 선배, 박준록, 오상록, 이수재, 이재익, 임평섭 선배, 장지원, 정호준, 주헬카Juhelcah C. Labastida, 최영은, 최원준에게도 이 기회를 빌려 고마움을 전하고 싶다. 마지막으로 함께 이 시대를 살아가면서 나와 얼굴을 마주하고 맥주잔을 기울인 모든 친구들과 무엇보다도 부족함 많은 자식을 항상 걱정해주시는 사랑하는 부모님과 가족들에게 이 책을 바친다.

이 책의 구성

매번 마시던 그 맥주는 어디에서 왔을까?

이 책은 맥주를 좋아하는 이에게 좀 더 맥주 생활을 풍성하게 만들 수 있는 여러 유용한 지식들을 제공하기 위해 썼다. 일상생활 속에서 맥주를 즐기는 사람으로서 편의점과 대형마트 수입 맥주 코너에서 어떤 맥주를 고를지 행복한 고민에 빠지는 애주가에게, 맥주에 대한 전반적인 배경 지식과 역사, 테이스팅 방법에 대해 소개하고 한국에서 구할 수 있는 맥주를 예로 들어 상업 맥주의 분류를 알기 쉽게 나누었다.

최근 한국에서 일어나고 있는 상업 맥주의 현상은 크게 두 가지다. 맥주 수입량 증가와 국내 크래프트 맥주 붐이라는 이슈다. 이 둘은 "한국 맥주는 대동강 맥주보다 맛이 없다"는 말 한 마디로 촉발된, 기존 맥주에 대한 비판과 함께 등장해 동일하게 여겨질 수 있다. 하지만 엄밀히 말해 둘은 교집합이 존재할지언정 완전히 똑같은 영역은 아니다. 수입 맥주라

하더라도 **쿠어스**Coors, **팹스트**Pabst와 같이 국산 부가물 맥주와 큰 차이 없는 맥주가 포함된 반면, **세븐브로이**Sevenbrau나 **카브루**Kabrew 등과 같이 국내에서 생산되는 크래프트 맥주도 존재하기 때문이다.

'맥주 입문서'를 자처하는 이 책에 두 요소의 모든 영역을 담아낼 수는 없겠다 싶었다. 그래서 나는 '수입 맥주'이면서 '크래프트 맥주'에 속하는 맥주들, 그리고 어느 정도 기성 맥주 영역에 들어가더라도 역사적으로 중요하다고 평가되는 브랜드를 중심으로 다뤘다. 이른바 저가 수입 맥주로 불리는 종류와 국내 브루어리에서 생산되는 크래프트 맥주에 대해서는 생략하거나 간략한 소개 위주로 서술했다. 특히 후자의 경우 2019년 현재 무척 빠르게 성장하고 있는 분야라는 점에서 아쉬운 부분인데, 이 주제에 관해서는 기회가 된다면 향후 어떤 방식으로든 다루어 보고 싶은 욕심이 있다.

6년 전, 아무 배경지식 없이 대형마트에서 벨지안 화이트인 **블랑쉬 드 브뤼셀**Blanche De Bruxelles을 집어 들었을 때만 하더라도 내가 보는 맥주 역시 단순한 술에 지나지 않았다. 하지만 여러 다양한 맥주들과 이야기를 나누어 본 결과, 인생 맥주의 후보로 올릴 만한 맥주도 몇 개 찾았고 무엇보다 약간의 배경지식만으로도 맥주 생활을 더 풍성하게 만들어 줄 수 있다는 것을 알게 됐다. 이 책이 편의점이나 대형마트 매대에서, 또는 수제 맥주 전문점에서 선택하게 되는 낯선 맥주를 여러분의 인생 맥주로 만들 가능성을 조금이나마 높여주는 안내서가 되기를 바란다.

읽는 순서

총 4부로 구성했다. 1부는 서론 격으로, 수입 맥주와 크래프트 맥주에 대한 전반적인 정보와 맥주의 재료, 제조공정에 대한 이야기를 다루었다. 2부는 맥주의 역사를 다룬다. 길고 긴 맥주 역사 속에서, 맥주라는 술이 지금에 이르기까지 어떤 일이 있었는지를 간략하게 담았다. 3부에서는 시중에 판매되고 있는 다양한 맥주들을 스타일별로 분류했다. 가장 널리 활용되고 있는 맥주 스타일 체계들을 기반으로 하되, 엄밀히 말해 다른 부류더라도 역사적으로 밀접한 관계를 맺고 있다면 같거나 인접한 카테고리에 분류해 대동소이한 맥주들을 쉽게 구분할 수 있도록 했다. 브라운 에일, 앰버 에일, 블론드 에일 등을 페일 에일 카테고리에 포함한 것이 그 예이다. 또한 국적 정체성이 다르더라도 유사한 풍미를 가진 맥주끼리 함께 분류해 특정 취향을 가진 이들이 비슷한 맥주들을 함께 모아볼 수 있도록 노력했다. 밀맥주와 사우어 에일 등의 카테고리가 그렇다. 마지막 4부에서는 집에서도 맥주를 맛있게 즐길 수 있는 팁과 테이스팅 방법을 다루었다. 맥주 테이스팅 정석 방식을 기반으로 650여 종의 맥주를 시음하면서 개인적으로 쌓아 온 노하우를 접목해, 아마추어들도 맥주 테이스팅을 하면서 자신만의 인생 맥주를 찾아갈 수 있도록 도움 주고자 했다.

이와 같은 순서는 사실 많은 맥주 입문서들이 택하고 있는 고전적인 구성이다. 하지만 책을 읽는 순서까지 맞출 필요는 없다. 필요에 따라 이 책을 읽는 순서는 얼마든지 달라질 수 있다. 느긋하게 순서대로 읽어도 상관없지만, 맥주를 사러 가기 전이라면 바로 3부부터 펼쳐도 아무 문제가 없다.

차례

Part 02

맥주 한 모금에 담긴 역사 한 토막

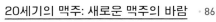

Part 03

그냥 마시면 섭섭하지 : 맥주 스타일과 추천 맥주

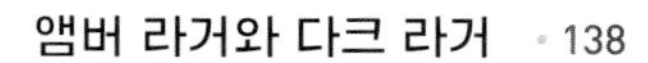

Weihenstephaner
KORBINIAN

Saison
Dupont

Part 04

나만의 스타일을 찾아서 : 맥주 테이스팅

FESTBIER

LAGER

DUNKEL

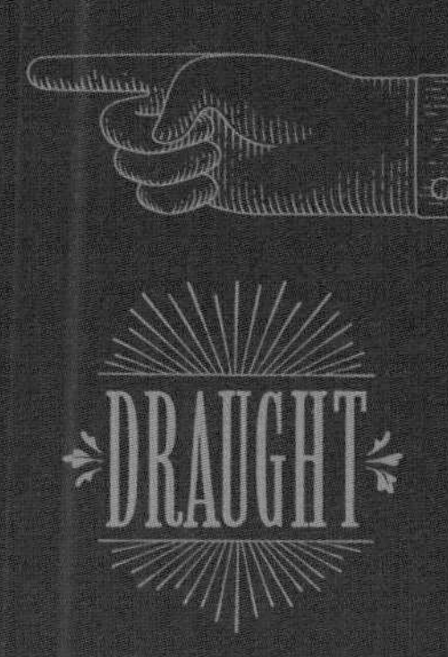

STOUT

ALT

PINT

PALE ALE

FESTBIER

LAGER

Weißbier

Part 01

맥주 한 잔에 얽힌 잡학지식

맥주도 취미가 됩니다

내가 술을 마실 수 있는 나이가 된 2000년대 후반만 하더라도 칵테일이나 양주와는 달리 맥주를 취미로 즐기는 사람을 찾기란 쉽지 않았다. 한국 문화에서 맥주는 어엿한 술이라기보다는 어디까지나 치킨이나 마른안주, 또는 식사 중 반주 거리, 또는 폭탄주의 재료 그 이상도 이하도 아니었다. 물론 당시에도 세계맥주라는 간판을 달고 수입 병맥주를 판매하는 술집들이 대학가와 번화가를 중심으로 형성되어 있었다. 그러나 어디까지나 가볍게 즐기는 정도였지 붐이라고 부를 수준은 아니었다.

하지만 지금은 다르다. 편의점에만 가도 미국의 유명한 벨지안 화이트인 **블루 문**Blue moon을 구입할 수 있게 되었고, 대통령이 국산 크래프트 맥주를 청와대 만찬에서 즐기는 세상이 왔다. 국산 대기업 맥주에 대한 반감과 함께 시작된 수입 맥주 수요 증가는 4캔에 만 원이라는 파격적인 가격으로 전국 어느 편의점에서든 수입 맥주를 즐길 수 있게 만들었다. 대형마트와 바틀샵에는 전 세계에서 온 수백여 종의 맥주들이 있고, 하루에 하나씩 새로운 맥주를 마시는 것이 취미라고 한들 누구도 이상하게 여기지 않는 세상이 온 것이다.

선택지가 다양해진다는 것은 대체로 좋은 일로 받아들여지지만, 과하면 문제가 된다. 은근히 비싼 수입 맥주를 멋모르고 골랐다가 예상치 못한 맛에 실망할 수도 있으니 말이다. 그럼에도 마트에 수북하게 쌓여 있는 맥주들을 보다 보면 내 취향에 맞는 맥주, 더 나아가 '인생 맥주'가 저곳 어딘가에 있을 거라는 희망을 갖게 된다. 자신에게 어울리는 특정 브랜드의 옷이나 액세서리를 즐기듯, 남에게 자신을 표현할 수 있는 맥주라니, 멋지지 않은가?

"맛있는 맥주가 도대체 뭐야?"

인생 맥주를 찾기 위해서는 누구든 이 질문에 답을 하고 넘어가야 한다. 크래프트 맥주와 수입 맥주에 관심이 없던 시절에는 맛 좋은 맥주의 정의 역시 명쾌했다. 시원하고 목구멍이 뻥 뚫리는 짜릿한 탄산으로 가득한 맥주가 바로 그것이었다. 설령 그런 청량감이 싫은 사람이더라도 '맥주는 원래 그래'라는 생각으로 넘어갈 수밖에 없었다. 선택지가 그것밖에 없었으니 딱히 이상하지도 않았다. 어쨌든 한국 맥주의 쌍두마차였던 오비맥주와 하이트맥주는 누가 더 시원하고 청량한 맥주를 생산하는지를 주제로 근 수십 년간 경쟁을 펼쳐왔다.

맥주에 대한 취향은 개성을 표현하는 방식 중 하나가 될 수도 있다.

문제는 다양한 세계맥주와 크래프트 맥주가 들어온 뒤였다. 수십 년간 미국식 첨가물 맥주가 곧 맥주의 알파요 오메가라고 여겨왔던 한국인에게 독일의 바이스비어와 영국의 포터, 그리고 미국식 IPA가 밀려들어왔다. 사람들은 기존 한국 맥주에선 눈을 씻고 찾아봐도 경험할 수 없는 다양한 맛에 놀랐고, 구태의연한 맥주들만 생산해왔던 기존 한국 맥주에 대한 배신감에 분노했다. 이른바 '한국 맥주는 오줌보다 맛없다'고 주장했던 영국인 특파원의 일갈은 이 당시의 심리를 잘 대변해 주는 한마디였다.

오늘날, 우리들이 맞이한 것은 전 세계 수많은 업체에서 생산된 수많은 종류의 맥주들이다. 밀려드는 맥주들의 향연에 기쁨의 비명을 지르는 것도 잠시, 우리들은 이제 다양한 맥주 중에서 무엇을, 왜 골라야 하는지 막막함을 느끼게 됐다.

그렇다면 이 세상에 '맛있는 맥주'에 대한 유일한 기준이 존재할까? 나는 맛있는 맥주에 대한 절대적인 기준이 존재한다는 것에 부정적이다. 유명한 러시아 고전소설 《안나 카레니나》의 첫 문장인 '행복한 가정은 다 비슷하지만 불행한 가정은 저마다 이유가 다르다'를 유시민 작가는 '못난 글은 다 비슷하지만 훌륭한 글은 저마다 이유가 다르다'라고 패러디한 적 있다. 논리가 충실하든, 표현이 감미롭든, 문제의식이 예리하든 좋은 글의 반열에 오를 수 있는 이유는 여러 가지라는 말이다. 맥주에도 이 이야기를 대입할 수 있다. 나는 위 명제를 고쳐서 이렇게 말하고 싶다.

"못난 맥주는 다 비슷하지만 훌륭한 맥주는 저마다 이유가 다르다."

맥주를 즐긴다는 것

맥주를 깊게 이해해야겠다는 생각으로 리뷰를 올린 건 아니다. 단지 술 마시는 것이 좋았다. 거기에 자료를 수집하고 축적하는 나의 기벽이 합쳐졌고 주변에서 파는 맥주를 알아봐야겠다는 소소한 생각에서 시작되었을 뿐이다. 우표나 지폐를 수집하는 사람들이 그러하듯 나의 맥주 편력 역시 본능적인 수집욕에서 비롯되었다.

처음 맥주에 입문했던 6년 전, 맥주 종류가 만 개 정도는 되지 않겠느냐는 글을 읽었다. 그 정도의 개수라면(평소 나의 생활습관을 고려했을 때) 살아생전 모든 종류를 충분히 마실 수 있겠다는 확신으로 이 작업에 뛰어들었다. 어느덧 대학을 졸업하고 사회인이 된 지금까지 650여 종을 마셔봤지만, 여전히 대형마트 매대나 바틀샵에는 내가 마셔보지 못한 새로운 맥주가 가득하다.

이는 계속해서 증가하고 있는 크래프트 맥주 산업의 규모와 무관하지 않다. 무역장벽이 낮아지고 SNS를 이용한 저렴한 마케팅 방식이 보편화되었다. 또한 새로운 소규모 양조장microbrewery을 만드는 데 극복해야 할 장애물도 점차 사라지는 추세다. 2017년 조사에 따르면 전 세계 209개 국가에 세워져 있는 브루어리 개수는 이미 19,000개를 상회했고, 그 가운데 17,732개 브루어리가 이른바 '크래프트 맥주' 생산 브루어리에 해당할 정도로 그 숫자는 많아졌다.* 단순하게 한 브루어리에서 평균 5종의 맥주를 생산한다고 가정하더라도 전 세계에서 생산 중인 맥주는 약 십만여 개에 달하는 것이다.

평생 세계의 모든 맥주를 마셔보겠다는 치기 넘치는 꿈은 포기한 지 오래되었다. 하지만 맥주 시음이라는 취미는 여전하다. 맥주는 오랜 역사를 가졌고 오늘날 세계 대부분 지역에서 생산되면서 그 나라의 문화와 밀접한 관련을 맺고 있다. 게다가 전통적인 스타일과 새로운 풍미를 가진 맥주가 시장에 공존하고 있어 쉽게 질리지 않는다. 무엇보다도 맥주 한 잔으로 힘든 하루의 피로를 푸는 데 익숙한 사람이라면 취미로서의 맥주는 그 어떤 부담 없이 하루를 풍요롭게 해줄 것이다.

---

* http://www.brewersjournal.info/craft-beer-surge-top-ten-countries-to-get-a-beer-this-st-patricks-day/

크래프트 맥주Craft beer란?

많은 사람이 수제 맥주(크래프트 맥주)가 일반 맥주와 무엇이 다른지 묻는다. 일단 이 질문을 하는 사람들의 마음을 십분 이해한다. 이 질문을 하는 대부분의 사람은 '크래프트 맥주=카스보다 좀 더 뿌옇거나 쓰고 향긋한 맥주'라는 등식만을 갖고 있을 뿐이다. 나 또한 처음에는 크래프트 맥주에 대해 그 정도만 이해하고 마시기 시작했다. 이런 상황이 벌어지는 이유는 크래프트의 번역어인 '수제手製'라는 단어가 국어사전에서는 단지 '손으로 만들었다'라는 말을 의미할 뿐, 최근 등장하는 수제 햄버거, 수제 맥주라는 단어들을 들었을 때 떠올리는 이미지를 완전히 표현해내지는 못하고 있기 때문이다. 하지만 craft라는 영어단어의 의미에 집중한다면 수제 맥주라는 단어에 대한 이해는 더 빨라진다. craft라는 단어는 본디 '힘'을 뜻하는 어원에서 탄생되었지만, 르네상스 시대 이후 예술 분야에서의 기술과 기교를 뜻하는 단어로 정착되었다. 요컨대 제품의 수식어로 붙는 크래프트는 일반적으로 제품이 만들어지는 대량생산 측면이 아니라 공산품工이지만 예술적인藝 뉘앙스를 담아낸 공예품임을 어필하는 것이다.

그렇다면 대량생산되는 것들과 공예품의 가장 큰 차이점은 무엇일까? 우선 짚고 넘어가야 할 것은 많은 사람들의 선입견과는 달리 양산품이 공예품에 비해 항상 기술과 성능이 떨어지는 건 아니라는 것이다. 엄격한 품질관리와 분업, 그리고 우수한 R&D로 탄생한 제품들은 소규모 공방에서 한두 명의 장인의 손으로 만들어지는 공예품에 비해서 오히려 더 고른 품질을 가지고 있으며 원래의 품질을 더 오래 발휘하는 경우가 많다. 이러한 개념은 맥주에도 그대로 적용된다. 아무리 공을 들여 만든 크래프트 맥주라 하더라도 그것이 품질 관리의 측면에서 대형 맥주회사의 수준을 따라가는 것은 실질적으로 불가능하다.

예술(공예품)과 비예술(양산품)을 가르는 진정한 기준은 바로 제품에 제작자 개인의 창의적인 의도가 반영되는지, 그 여부에 있다고 생각한다. 대량생산되는 맥주에는 대규모의 조직이 관여하는 만큼 기획부서의 최초 기안자, 개발부서의 선임연구원, 생산부서의 공장장, 조직을 관리하는 경영자 등 다양한 행위자들이 존재한다. 그리고 무엇보다도 그들이 눈치를 볼 수밖에 없는 '시장'이라는 거대한 이해당사자가 존재한다. 이들은 분명 각자의 아이디어를 가지고 제품 개발을 하지만, 한정된 예산과 제작일정, 그리고 다수 대중들의 취향을 고려하면서 제품 개발과 생산과정에 있어 어쩔 수 없이 타협하게 된다. 그 결과 최종 양산품에는 그 누구의 정체성도 제대로 반영되지 않는다.

맥주의 대부분을 차지하는 페일 라거는 맥주의 대명사이자 시장의 현실이다. 많은 사람들이 식당이나 술집에서 "맥주 한 잔 주세요"라고 주문했을 때 기대하는 맥주의 맛, 그게 바로 페일 라거다. 이런 현실에서 여러분이 맥주회사의 사장이라 가정해보자. 페일 라거만 생산하던 어느 날 갑자기 생산라인 절반을 뜯어고쳐 IPA나 밀크 스타우트를 만들자는 결정을 내리기란 쉽지 않을 것이다.

그러나 크래프트 맥주를 만드는 소규모 브루어리의 경우 사정은 다르다. 이들 브루어리는 10명 이하의 소규모 인원으로 시작하는 경우가 대부분이다. 미국의 수많은 소규모 브루어리가 자기 집 차고에서 창업했다는 설명을 쉽게 만날 수 있는 이유다. 이들 역시 이윤을 추구하기 위해 회사를 창업했지만, 맥주 공장들이 만드는 맥주가 아닌 자기가 만들고 싶은 맥주를 만들겠다는 목표를 갖고 있다. 이 과정에서 만들고자 하는 맥주의 콘셉트, 재료의 선택, 생산량, 맥주의 이름부터 '이 맥주를 누구에게 가장 먼저 맛보이고 싶은가'라는 낭만적인 감성까지 모두 그들의 맥주에 반영된다. 1980년대부터 본격적으로 시작된 크래프트 맥주 운동 이후, 크래프트 맥주가 하나의 산업으로 자리 잡으면서 소규모 브루어리들은 자신의 취향을 가감 없이 표출한 맥주를 더 쉽게 만들어낼 수 있게 되었다. 그 결과, 소규모 브루어리에서 만들어지는 맥주들은 단순한 낮은 도수 주류가 아니라 제작자의 마음이 담긴 공예품craft의 지위를 획득하게 되는 것이다.

요약하자면, 크래프트 맥주(수제 맥주)는 단순히 비싸고 럭셔리한 맥주가 아니다. 소규모 브루어리라는 특성을 살려, 제작자의 창의적인 의도가 충분히 발휘되어 만들어지는 예술의 영역에 속하는 맥주를 의미한다. 다만 크래프트 맥주 운동이 한 세대를 지나간 2000~2010년대 이후에는 크래프트 맥주라는 단어에 담긴 의미도 달라지는데, 이에 대해서는 맥주의 역사 부분에서 설명하겠다.

맥주, 4가지 재료의 마법

물water: 사실 맥주는 물로 만든다

물

'맥주는 보리로 만든다'고 하지만, 맥주의 대부분을 차지하는 성분은 물이다. 무색무취한 물이 맥주의 맛에 무슨 영향을 미치는지 의아해할지도 모른다. 하지만 물에 함유된 칼슘이온과 마그네슘이온과 같은 미네랄은 맥주의 풍미에 큰 영향을 미친다. 미네랄이 많이 함유된 경수硬水는 홉의 씁쓸함을 경감시키고, 맥주의 맛을 부드럽게 만들어내어 일반적인 라거 맥주에 적합하다. 반면 미네랄의 함량이 덜한 연수軟水는 홉의 풍미를 북돋아 주기 때문에 홉 아로마가 중요시되는 체코식 필스너나 페일 에일에 많이 사용된다.

기술이 발전한 오늘날, 취미로 홈 브루잉을 하는 경우가 아니라면 거의 대부분의 양조장에서는 자신이 만들고자 하는 맥주에 어울리는 물을 구현하기 위해 황산칼슘이나 염화칼슘을 첨가하는 방식으로 무기질 함량을 조절한다. 클래식한 콘셉트의 맥주든, 현대적인 감각의 맥주든 우리들이 마시는 맥주에는 어느 정도 과학의 손길이 닿는 셈이다.

물은 맥주 맛에 영향을 주는 것에서 더 나아가 출처에 따라서는 그 자체만으로 맥주의 세일즈 포인트가 되는 경우도 있다. 알프스산맥이나 심해저 등 특별한 장소에서 뽑아온 생수가 소비자들의 관심을 끄는 것처럼 말이다. 가장 흔한 패턴은 만년설이 쌓인 산맥 인근에 세워진 맥주 공장들의 광고 패턴에서 찾아볼 수 있다. 로키산맥을 배경으로 두고 있는 쿠어스 맥주 공장은 한때 자신들의 세일즈 포인트를 '빙하 녹은 물로 만든 맥주'로 정하고 매우 차갑게 마시라는 뜻에서 'Ice Cold'라는 표현을 유행시

아바시리 브루어리 유빙 드래프트, 출처: 공식 홈페이지

킨 적이 있었다. 한편 좀 더 직접적이고 노골적인 방식을 채택한 맥주회사도 있다. 일본 홋카이도의 아바시리라는 작은 마을에 위치한 아바시리 브루어리의 발포주 유빙 드래프트는 오호츠크해에 떠다니는 유빙을 녹인 물을 첨가해서 만든다.

맥아malt:
왜 맥주는 '흐르는 빵'이었을까

맥주의 가장 필수적인 재료로 손꼽히는 것은 보리다. 맥주의 역사를 메소포타미아 문명으로까지 거슬러 올라가는 이유는 오직 한 가지다. 그때의 맥주와 지금의 맥주 모두 보리로 만들었다는 공통점 때문이다. 수많은 변천 과정을 거쳤음에도 보리가 있었기에, 이집트의 '그것'과 편의점의 버드와이저를 똑같이 맥주라고 부를 수 있다. 하지만 맥주에 보리만을 써왔다고 생각하는 건 큰 오해다. 농사 환경에 따라 보리 이외에도 밀이나 수수, 귀리를 쓰기도 했고 최근에는 원가 절감을 위해 쌀이나 옥수수를 첨가해 만들기도 한다. 마니아들의 평가는 별개로 치더라도, 이렇게 보리 이외의 곡물이 같이 들어간 부가물 맥주는 현대 맥주 시장의 대부분을 차지한다.

맥아

아무 보리가 맥주의 원료가 될 수 있는 것은 아니다. 우리가 잡곡밥으로 먹는 보리가 쌀보리라 불리는 나맥裸麥인 것과 달리, 맥주에 사용되는 보리는 겉보리라 불리는 대맥大麥에 속한다. 이 대맥 중에서도 단백질 함량이 낮고 전분 함량이 높은 두줄보리가 맥주 양조에 가장 많이 사용된다.

맥아가 중요한 이유는 완성된 맥주의 풍미를 큰 틀에서 결정짓는다는 점 때문이다. 맥아의 특질은 사용되는 보리의 종류와 싹이 난 맥아의 생장 반응을 정지시키기 위해 열처리하는 방식으로 결정되는데, 이때 맥아에 열을 가하는 정도에 따라 맥아의 색깔은 연한 주황빛에서부터 어두운 갈색에 이르기까지 다양해진다. 대표적인 맥아로는 페일 라거 제조에 많이 쓰이는 필스너 맥아와 비엔나 맥아, 진한 빛깔의 맥주를 만들 때 쓰이는 뮌헨 맥아, 캐러멜맥아, 포터와 스타우트 제조에 쓰이는 초콜릿 맥아 등이 있다. 이러한 맥아가 적당한 비율로 배합됨으로써 우리가 마시는 다양한 맥주들이 탄생하게 된다.

요즘 크래프트 맥주의 대세는 홉 아로마가 강렬한 '호피hoppy한 맥주'들이라 상대적으로 맥아는 관심이 덜 가는 요소일 수 있다. 하지만 맥아가 가진 맛의 다양한 스펙트럼은 '아로마aroma'라고 통칭되는 맥주의 기본적인 풍미와 입안에서 느껴지는 맥주의 식감(텁텁함, 깔끔함 등)을 의미하는 마우스필mouthfeel을 형성하는 데 중요한 역할을 한다. 특히 맥아의 풍미가 매우 강하게 드러나는 트리펠이나 쿼드루펠 같은 벨기에 에일, 또는 임페리얼 스타우트나 독일식 바이젠복을 마시다 보면 왜 중세 유럽인들이 맥주를 '흐르는 빵'이라 불렀는지 확실하게 느낄 수 있다.

홉hops:
맥주의 풍미를 결정짓는 요소

솔방울 모양의 황록색 꽃을 피우는 덩굴식물이다. 조금 특이한 덩굴이라고만 생각하고 지나칠 수도 있는 이 식물이 없었더라면, 아마 오늘날 우리가 맛보는 씁쓸한 맛의 맥주는 존재하지 않았을 것이다. 꽃이라고 보기에는 다소 낯선 형태의 홉 꽃은 알파산alpha acid과 베타산beta acid이라는 성분을 함유하고 있다. 이 성분은 맥주 양조 과정에서 이성질화라 불리는 화학반응을 거치며 쓴맛을 내는 성분으로 변화하게 되는데, 이를 통해 맥주의 풍미가 깊어지고 맥주의 오랜 보존에도 도움이 된다.

홉

홉이 발견되기 전에도 이러한 역할을 하도록 맥주에 첨가되는 허브나 열매들은 많았다. 유럽에서는 다양한 종류의 허브나 열매를 '그루트gruit'라 부르며 맥주 양조 단계에서 첨가했다. 홉은 풍미와 실질적인 항균 효과 덕분에 최종적으로 오늘날까지 살아남은 식물이 되었다.

지난 수십 년간, 단순히 보존을 위해 첨가되는 것에 가깝던 홉은 크래프트 맥주 혁명이라 불리는 산업 구조 변화가 일어나는 과정에서 다양한 품종에 개성적인 풍미를 부여하는 가장 확실한 방법이 되었다. 오늘날 우리가 홉을 맥주 품평에 있어 빼놓을 수 없는 요소로 인정하게 된 이유는 '드라이 호핑dry hopping'이라 불리는, 맥주 양조 과정의 마지막 단계에서 홉을 한 번 더 첨가하는 공정 덕분이다.

맥아즙을 끓이는 과정에서 처음에 넣는 홉이 맥주에 쓴맛을 내는 데 쓰인다면, 후공정에서 첨가되는 홉은 특징적인 아로마를 맥주에 부여한다. 그래서 드라이 호핑은 수많은 크래프트 브루어리들이 좀 더 개성 있는 맥주를 만들 수 있게끔 하는 원동력이 되었다.

홉은 재배지역에 따라 유럽 대륙에서 재배되는 대륙계 홉, 영국계 홉, 그리고 미국계 홉으로 나눌 수 있다. 대륙계 홉 중 독일 남부와 체코 국경 인근에서 주로 재배되는 테트낭Tettnang, 사츠Saaz, 할러타우어 미텔프뤼Hallertauer Mittelfrüh, 슈팔트Spalt를 4대 노블 홉으로 꼽을 수 있다. 유럽에서 생산되는 많은 맥주, 특히 페일 라거에 오랫동안 쓰여 온 노블 홉은 옅은 꽃과 잔디 향기를 가지고 있으며 알파산 수치가 높지 않아 쓴맛이 덜하다. 노블 홉은 크래프트 맥주가 부상하는 오늘날에도 널리 쓰이고 있으며, 노블 홉과 비슷한 풍미를 가진 리버티Liberty나 뱅가드Vanguard는 미국 등지에서 재배되고 있다.

한편 영국에서 생산되는 퍼글Fuggles, 이스트 켄트 골딩East Kent Golding 홉 등은 영국식 페일 에일(비터)이나 영국식 인디아 페일 에일에 많이 적용되는 홉으로, 비 내린 뒤의 숲 냄새나 축축한 흙냄새의 은은하고 독특한 아로마를 가지고 있어 마니아층이 있다.

미국에서 생산, 재배되는 홉은 보통 대륙계 홉에 비해 훨씬 강렬하고 화려한 아로마를 가지고 있다. 이른바 3C라 불리는 센테니얼Centennial, 캐스케이드Cascade, 콜럼버스Columbus 홉들은 미국 페일 에일 하면 떠오르는 아로마인 시트러스 향(자몽, 오렌지 계열 열매의 아로마)을 풍기는 것으로 유명하다. 또한 패션 프루트나 망고, 파인애플 같은 열대과일 계열의 아로마를 부여하는 경우도 있는데 시트라Citra, 모자이크Mosaic 등이 대표적이다. 그 외에 치누크Chinook와 같이 솔향기로 분류될 수 있는 파인pine 향, 또는 송진resiny 아로마를 가진 홉도 즐겨 사용된다.

오늘날 홉은 전 세계적으로 재배되고 있지만 생산량의 대부분이 미국, 독일, 체코에서 생산되고 있다. 특히 미국 워싱턴 주의 야키마 밸리Yakima Valley는 미국 홉 생산량의 70% 가까이 차지하고 있어 홉의 성지라 해도 과언이 아니다. 이와 같은 홉 생산지 근처에 위치한 양조장들은 신선한 홉을 바로 사용할 수 있는 특권을 누리지만, 대부분의 양조장들은 그렇지 않다. 쉽게 부패하는 홉의 특성상 실제로 맥주를 대량생산하는 많은 회사들은 홉 펠릿pellets(알갱이 형태), 또는 추출액의 형태로 재가공한 홉을 첨가하는 경우가 많다.

효모yeast: 발효라는 마법

효모는 위에서 이야기한 여러 재료를 한데 모아 마법과 같은 발효 과정을 통해, 곡식으로 빵이나 술을 만들어내는 데 도움을 주는 미생물이다. 여러 발효음식이 그러하듯 맥주 역시 물에 젖은 곡식 가루와 야생의 효모가 만나는 우연한 과정을 통해 탄생하였다는 것이 역사가들의 추측이다. 어쨌든 그 미묘한 화학 작용을 거친 결과, 평범한 곡물이지만 마시면 기분이 좋아지는 액체로 바뀌는 현상은 고대인들에게는 신의 축복과도 다름없는 일이었을 것이다.

효모

중세 시대까지만 해도 효모의 존재는 알려지지 않았다. 실제로 그 유명한 '맥주순수령'이 처음 선포되었을 때만 해도 맥주 필수 재료에 효모의 존재는 없었다. 단지 맥주를 만들고 남은 잔여 맥주에 다음번 맥주를 발효시키게끔 해 주는 '무언가'가 존재한다는 걸 경험으로 알고 있을 뿐이었다. 이 마법의 정체가 밝혀진 것은 17세기경 안토니 반 레벤후크Anton Von Leeuwenhoek의 현미경 발명으로 효모를 관찰할 수 있게 된 후였다. 그리고 이 효모를 인공적으로 다룰 수 있게 된 기반이 형성된 것은 불과 백수십 년밖에 되지 않았다. 그래서 효모는 맥아나 홉과 달리 오랫동안 여러 맥주회사의 가장 중요한 자산으로 인식되었다.

맥주 양조에 쓰이는 효모는 크게 에일용 효모인 사카로마이세스 세레비시아Saccharomyces cerevisiae와 라거용 효모인 사카로마이세스 파스토리아누스Saccharomyces pastorianus로 나누어지며, 만들고자 하는 맥주 스타일에 따라 이들 효모의 하위 균주들을 양조에 활용한다. 에일 효모는 상면발효 효모라는 별칭대로 발효되는 동안 발효조 윗부분에서 활발하게 반응을 일으키며, 따뜻한 온도에서 비교적 단기간에 걸쳐 양조된다. 반면 라거용 효모는 하면발효 효모라 불리며, 발효조 하부에서 낮은 온도에 비교적 장기간에 걸쳐 맥주를 만들어낸다. 다만 효모의 종류만 맥주의 최종 풍미에 영향을 미치는 건 아니다. 에일 효모를 사용하더라도 장기간 숙성을 거칠 경우 쾰쉬와 같이 향이 강하지 않은 담색 에일을 만들어낼 수도 있고, 라거 효모도 단기간 높은 온도로 발효할 경우 에일과 유사한 특성을 보일 수 있다.

효모의 작용으로 맥주에서 형성되는 대표적인 아로마는 꽃향기나 배, 바나나 등의 과일 향 등으로 대표되는 에스테르 향, 그리고 정향clove, 향신료 등으로 대표되는 페놀 향 등을 들 수 있다. 이것들은 효모가 맥아를 분해하는 과정에서 발생되는 부산물인데, 밀맥주와 같은 에일 맥주에서는 이러한 효모의 아로마를 맥주의 주요 풍미로 내세우는 반면, 라거 맥주는 대부분의 경우 효모로 인한 아로마를 억제하고자 한다.

효모는 맥주 양조에 매우 중요한 역할을 수행하지만, 우리가 마시는 맥주에서 그 흔적을 찾기란 쉽지 않다. 살균 및 여과 기술이 발달한 오늘날은 병맥주, 캔맥주, 또한 흔히 '생맥주'라 불리는 케그keg 맥주 등을 불문하고 살균 및 여과처리를 통해 효모와 같은 침전물을 제거하기 때문이다. 밀맥주나 크래프트 에일 등 효모 잔여물을 의도적으로 남겨두는 경우에도 살균 과정을 거치기는 마찬가지다. 오늘날, 효모가 살아있는 채로 시중에 유통되는 맥주는 영국 등 일부 지역 내에서만 생산되고 유통되는 캐스크 맥주Cask Beer(숙성 후 여과와 살균을 거치지 않고 맥주통으로 판매되는 에일)나 병에 담아 숙성 과정을 거치는 벨기에의 몇몇 에일 정도다.

부가물adjunct과 첨가물additive: 더 특별한 맥주

부가물adjunct과 첨가물additive이라는 비슷하게 들리는 두 단어는, 맥주에 있어서는 앞서 이야기한 4대 원료(물, 맥아, 홉, 효모) 이외에 첨가되는 모든 재료들을 가리킨다. 이때 부가물과 첨가물의 차이는 생각보다 간단하다. 즉 맥아의 당을 보조하기 위해 넣는 것을 부가물이라 부르고, 향이나 아로마를 추가하기 위해 넣는 것을 첨가물이라 부른다.

우선 부가물이란 맥주 양조 과정에서 첨가되는 보리 이외의 곡물을 의미한다. 이러한 의미에서 사용되는 첨가물은 밀, 쌀, 옥수수(전분가루), 귀리, 수수 등이 포함된다. 이중에서 밀은 독일의 바이스비어를 포함해 오랜 기간 다양한 맥주에 사용되어 왔던 부가물이지만, 옥수수나 쌀 같은 곡식들은 이야기가 조금 다르다. 그 이유는 산업혁명과 금주령 시대를 거치는 과정에서 맥주의 원가 절감을 위해 보리에 옥수수나 쌀을 섞어서

맥주 부가물

맥주를 만드는 경우가 많아졌기 때문이었다. 다소 고상하게 부르자면 아메리칸 페일 라거American Pale Lager고 맥주 동호인들의 다소 낮춰 부르는 듯한 표현대로라면 미국식 부가물 맥주American Adjunct Lager라 불리는 맥주가 바로 그것이다. 하이트나 카스 같은 맥주들과 같은 종류로 분류되는 이들 부가물 맥주는 미약한 맥아와 홉 아로마를 가지고 있으며, 이를 탄산의 목 넘김으로 만회하기 위해 인공적으로 탄산가스를 주입하여 오랫동안 맥주 마니아들의 지탄을 받아왔다.

물론 모든 부가물 맥주를 매도할 필요는 없다. 각 곡식들의 조합을 잘 맞추고 맥아 함유량에 인색하지 않는다면 부가물 맥주 역시 충분히 맛있는 맥주가 될 수 있다. 가령 **아사히**Asahi나 **삿포로**Sapporo 등 일본에서 생산되는 여러 맥주들과 **스텔라 아르투아**Stella Artois와 같은 유럽의 몇몇 페일 라거는 쌀이 갖고 있는 깔끔한 식감과 옥수수 맥아의 시큼하고 구수한 풍미를 잘 조합해 깊은 맛을 만들어낸다. 중국의 **칭따오**Tsingtao와 같이 쌀의 비중이 특기할 만하게 높은 첨가물 맥주들은 가벼운 바디감과 산뜻한 마무리 덕분에 보리로만 만든 맥주에 비해 기름진 음식과 훨씬 궁합이 잘 맞는다는 장점을 가지고 있다.

첨가물에는 과일 원액, 허브, 꿀 등 매우 다양한 식자재가 포함된다. 가장 쉽게 접할 수 있는 첨가물의 형태는 아마 과일 맥주Fruit beer에 들어가는 과즙일 것이다. 이 경우 맥주로서의 맛이나 풍미가 첨가된 과즙 맛으로 대체되는 경우가 대부

맥주 첨가물

대마 맥주로 알려진 카나비아

분이다. 하지만 과즙이 맥주 첨가물의 전부는 아니다. 과거에는 엄연한 맥주의 일종으로 분류되었을 여러 마이너한 맥주 레시피들의 영향으로 지금도 허브, 꿀, 오트밀 등의 각종 첨가물이 포함된 맥주가 양산되고 있다. 그 외에 어느 정도 정석적인 스타일로 등극한 첨가물로는, 밀크 스타우트에 첨가되는 우유, 초콜릿 등을 들 수 있다.

상상을 초월하는 첨가물이 들어가는 맥주들 또한 많다. 한때 대마 맥주로 유명했던 **카나비아**Cannabia는 실제로는 마약 효과가 없는 대마 씨앗이 첨가되었지만, 수많은 사람들의 호기심을 불러일으켰다. 거기서 한 발 더 나아가 칠리(고추)가 통째로 맥주병 안에 담긴 채 판매되는 '매콤한' 맥주 역시 존재한다. 그리고 지금 이 순간에도 전 세계 어딘가에서는 엉뚱한 창의력으로 무장한 브루어들이 온갖 특이한 첨가물이 함유된 맥주를 구상하고 있다. 이러한 맥주들 중 몇몇은 이걸 과연 맥주로 볼 수 있는가, 라는 철학적인 질문을 던지게 만드는 경우도 있지만 한번쯤 친구들과 재미 삼아 마셔보기엔 충분한 매력을 가지고 있다.

맥주, 어떻게 만들어질까?

맥주를 만드는 과정은 크게 맥아를 분쇄하고 끓여 당을 함유한 맥아즙으로 만드는 과정, 그리고 맥아즙에 홉과 효모를 넣어 발효하는 과정, 마지막으로 살균, 여과 및 포장 등이 포함된 후처리 과정으로 나눌 수 있다. 이러한 과정은 꽤나 복잡해 보이지만 기본적인 원리는 간단하다. 미생물인 효모가 맥아의 당을 섭취하고 그 부산물로 우리가 취할 수 있게끔 해주는 알코올과 탄산가스(이산화탄소)를 마음껏 생산할 수 있도록 돕는 것이다. 이때 핵심은 효모가 당을 잘 분해할 수 있도록 보리 맥아를 당화시키고 발효 과정에서 맥주 효모가 아닌 엉뚱한 미생물이 유입되지 않도록 방지하는 것이다. 물론 이 과정에서 완성된 맥주의 풍미를 증진하고, 잡균이 증식하지 못하도록 돕는 홉을 첨가하고 제작자의 의도에 따라 부가적인 공정들이 추가되지만, 결국 맥주를 만드는 대부분의 과정은 효모라는 미생물

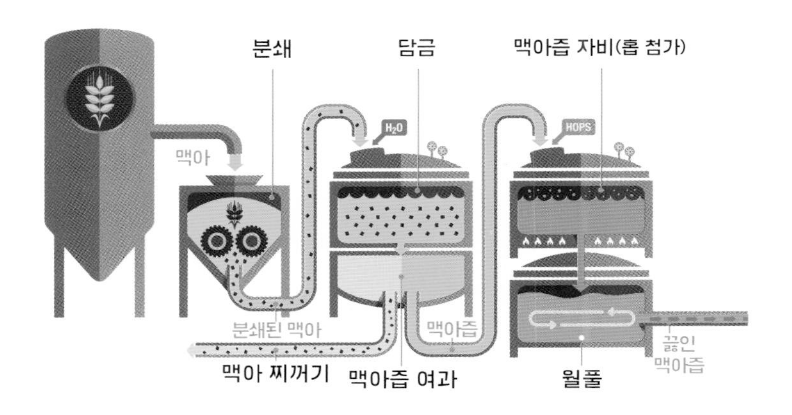

을 잘 조절하는 데 있다.

맥주를 만드는 과정을 이야기하는 것은 마치 브루어리 투어 과정에서 맥주 시음 전 이어지는 직원의 설명처럼 길고 지루할 수 있다. 하지만 맥주의 제조과정을 되짚어 보는 것은 별개의 재료였던 맥아, 홉, 물 그리고 효모가 어떻게 각각의 맛을 드러내는지 이해하는 데 도움을 준다. 물론 이 책을 고른 이유가 단지 마트에서 고를 만한 맥주를 찾고 싶은 정도라면 이 내용을 생략하고 다른 내용으로 넘어가도 된다.

1단계: 보리로 맥아 만들기

과일이나 사탕수수 같은 경우, 이미 효모가 분해하기 좋은

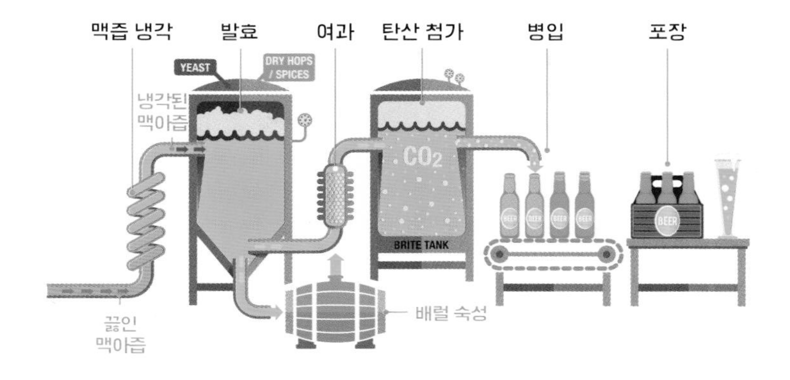

단당류인 과당과 자당이 풍부해 비교적 쉽게 술을 만들 수 있는 반면, 쌀, 보리 등의 곡류들은 기본적으로 구조가 복잡한 다당류인 녹말로 구성되어 있다. 요컨대 맥주를 만드는 첫 단계는 바로 이 보리에 포함된 녹말을 단당류로 만들어내는 것이다. 이때 그 역할을 하는 것이 바로 보리에 들어 있는 효소다. 보리에 들어 있는 효소인 아밀레이스(우리 입안의 침에 든 그 효소가 맞다!)는 보리가 싹을 틔울 수 있는 환경이 되면 보리의 녹말을 에너지원으로 쉽게 쓰일 수 있도록 단당류로 바꾸는 작업을 하는데, 그 결과 생성되는 것이 바로 맥아당이다.

보리의 싹을 틔우고, 이를 건조하여 최종적으로 맥아로 만드는 과정을 가리켜 몰팅malting이라고 부른다. 가장 먼저 해야 할 일은 보리를 물에 담가 수분을 흡수시킨 뒤, 적당히 차고 습한 공기를 공급하는 것이다. 이렇게 하면 낟알은 싹을 틔울 환경이 마련되었다고 여기고 녹말을

물에 적신 보리의 싹을 틔워 맥아로 바꾸는 몰팅 과정. 최근에는 기계를 사용하여 효율을 높이고 있는 추세다.

당으로 분해해 발아 준비를 하게 된다. 이 과정에서 보리 안의 녹말은 효모가 소화시키기 편한 단당류로 바뀌게 되고 이제 보리 낟알은 자그마한 싹을 틔운 모양의 보리 싹, 즉 맥아가 된다. 이후 80도에서 100도 남짓한 열을 가하며 수분 제거 과정을 거치면 맥아는 성장을 멈춘다.

이때 열을 가하는 시간과 온도에 따라 맥아는 마이야르 반응Maillard reaction을 일으키며 다양한 색상과 풍미를 띠게 된다. 마이야르 반응은 토스트나 삼겹살처럼 구운 음식에서 나타나는 색상과 향미의 변화를 말하는 것으로, 상대적으로 낮은 온도에서 열처리한 맥아는 빵을 구운 듯한 가벼운 맛을 내지만, 높은 온도에서 열처리한 맥아는 짙은 갈색을 띠며 커피나 카카오 계통의 로스팅된 향미를 낸다.

오늘날 우리가 마시는 대부분의 맥주는 이러한 맥아를 두 종류 이상 조합하여 만들어진다. 이때 맥아즙의 기본 성질을 결정하는 맥아를 가리켜 베이스 맥아Base Malt라고 부르고, 그보다 소량이 첨가되지만 맥아즙에 두드러지는 풍미를 제공하는 용도로 사용되는 맥아를 가리켜 스페셜 맥아Special Malt라고 부른다.

2단계: 맥아에서 맥아즙 뽑아내기

몰팅 과정을 통해 맥아가 단당류로 변했지만, 효모가 용이하게 당을 소화하기 위해서는 맥아를 물에 녹여 즙의 형태로 만들어야 한다. 이를 위해 맥아를 가루로 갈아버린 뒤, 따뜻한 물에 넣어 맥아죽mash으로 만드는 과정을 거치는데, 이 과정을 담금(당화)이라고 부른다. 맥아죽은 한 번 더 당을 방출시키는 절차를 거쳐 맥아즙wort이라는 달콤한 액체로 변화한다. 맥아즙은 두 번에 걸친 여과 작업을 통해 맑은 맥아즙이 되며 이 맥아즙은 효모 활동에 필요한 먹잇감이 되는 것이다.

하지만 맥아즙에 효모를 풀어 넣기 전에 해야 할 일이 더 있다. 홉을 첨가하는 호핑hopping 과정이다. 이 과정은 맥아즙을 끓이는 동안 이루어지며, 우리가 알고 있는 맥주의 풍미를 결정짓는 매우 중요한 작업이기도 하다. 이 홉 첨가 과정에서 쓰이는 담금솥wort kettle은, 맥주 양조장 사진에서 흔히 볼 수 있는 바닥이 넓고 위쪽에 긴 관이 연결된 플라스크 모양의 솥을 가리킨다. 호핑 과정은 크게 두 번 진행된다. 먼저 들어간 홉은 맥주의 쓴맛의 성격을 결정하며, 마지막에 첨가하는 홉은 맥주에서 풍겨지는 홉 아로마를 결정한다.

네덜란드 암스테르담에 위치한 하이네켄 박물관에 전시된 담금솥의 모습

이렇게 만들어진 맥아즙은 효모를 첨가하기 전에 효모가 활동하기 좋은 온도로 냉각되어야 하는데, 냉각 작업은 외부 미생물로 인한 맥아즙 오염을 막기 위해 신속하게 이루어지는 것이 바람직하다. 옛날에는 찬 공기에 노출하는 자연적인 방식을 사용했지만, 오늘날에는 열교환 기능이 있는 수냉식 냉각기를 통해 빠르게 냉각시킨다.

3단계: 발효, 그리고 그 이후

이 단계까지 왔다면 이제 효모를 맥아즙에 투입한 뒤 효모가 부리는 마법을 기대하는 일만 남았다. 발효 탱크로 옮겨진 맥아즙에 효모를 투입하면 효모는 맥아즙을 먹어치우면서 그 부산물로 알코올과 이산화탄소를 내뿜는다. 발효에 적합한 온도나 발효 기간은 투입한 효모의 종류가 에일용인지 라거용인지에 따라 다른데, 일반적으로 상면발효 맥주인 에일은 16~21도의 온도에서 3~6일 정도 발효시키고, 하면발효 맥주인 라거는 4~10도의 온도에서 6~10일간 발효시킨다. 이러한 기간을 거쳐 탄생한 맥주를 가리켜 미숙성 맥주라 부른다.

이 1차 발효가 끝난 맥주는 아직 풍미가 완전히 올라오지 않은 상태로, 2차 발효라 불리는 별도의 숙성 시간이 필요하다. 이를 위해 저장탱크에 옮겨 숙성하는 시간을 거치는데, 에일의 경우 약 2주, 라거는 낮은 온도에서 1개월 이상 숙성시키는 것이 보통이다. 이 과정에서 좀 더 인위적으로 탄산을 늘리고자 하는 경우에는 설탕 등을 추가해 효모가 이산화탄소를 더 만들 수 있도록 유도하거나 탄산가스를 주입한다. 최근 크래프트 맥주에서 뚜렷한 홉 아로마를 부여하기 위해 추가적으로 홉을 첨가하는 드라이 호핑dry hopping 작업 역시 바로 이 단계에서 이루어진다. 그 외에도 다양한 첨가물을 이 시점에 투입해 맥주의 최종 풍미를 만들어낸다.

2차 발효까지 끝난 맥주가 바로 우리가 아는 완성된 맥주다. 이후 병입숙성 방식을 채택하는 일부 에일을 제외한 대부분의 경우, 추가적인 발효를 막기 위해 살균, 여과 과정을 거침으로써 효모와 맥주를 분리한다. 이는 맥주의 보존성과 향미 유지를 위해 반드시 필요한 절차로, 효모가 그대로 살아 있는 맥주를 마실 수 있는 방법은 많지 않다.

맥주와 푸드 페어링food pairing

술과 음식은 떼어놓을 수 없는 관계다. 음식과 함께 마시는 술은 식사 자리를 돋보이게 만들고 술과 함께 먹는 음식은 단순히 위장 건강에 좋을 뿐만 아니라 술의 풍미를 깊게 만들어 준다. 그런 점에서 술과 음식의 궁합, 푸드 페어링food pairing은 술을 마시다 보면 반드시 짚고 넘어가야 할 부분이다. 오랫동안 한국에서의 맥주는 곧 부가물 라거였고, 이로 인해 맥주와 음식의 페어링을 논하기에는 다소 부족한 감이 없잖아 있었다. 하지만 다양한 맥주들이 판매되고 있는 만큼, 좋아하는 요리가 있다면 그 요리와 어울리는 맥주가 무엇인지 생각해볼 때가 되었다.

맥주와 음식의 페어링을 시도할 때는 기본적으로 두 가지 상황을 고려해야 한다. 첫 번째는 맥주가 음식의 풍미를 강화해주는 데 필요한 경우다. 수박에 소금을 뿌려서 먹으면 소금의 짠맛이 수박의 단맛을 더욱더 생생하게 만들어 준다는 말을 들어 보았을 것이다. 음식과 맥주에서도 같은 방식을 적용할 수 있다. 즉 음식의 맛을 더욱 생생하게 느끼고 싶을 때 음식과 유사한 바디감이나 향미를 끌어내는 맥주를 선택함으로써 서로 상승효과를 일으키는 것이다. 반대로 맥주가 음식의 풍미를 상쇄해야 하는 경우도 있다. 치즈치킨에 고추 피클이 따라 나오고, 매운 떡볶이에 요구르트 음료가 필요하듯 그 음식을 싫증 내지 않고 즐길 수 있도록 맥주를 통해 음식의 부담스러운 풍미를 상쇄할 필요도 있는 것이다.

이 두 가지 상황을 염두에 두고 다양한 맥주들이 가진 풍미를 특징별로 나누고 각각 어울리는 음식들을 알아보자. 다만 아래의 내용은 맥주의 특징을 짚어보고 제시된 참고사항일 뿐이다. 이 책을 읽는 독자의 취향에 따라 음식과 맥주의 페어링은 더욱 다양한 방식으로 이루어질 수 있다.

청량한 맥주들

페일 라거, 부가물 맥주, 쾰쉬, 밀맥주 등

흔히들 황금빛 맥주라고 부르는 페일 라거, 그리고 쾰쉬나 블론드 에일처럼 가벼운 아로마를 가진 담색 에일들은 상대적으로 옅은 존재감 때문에 웬만한 음식들과 잘 어울린다. 하지만 이들 스타일이 가지고 있는 가벼운 바디감과 청량한 목 넘김이 빛을 보는 경우는 바로 음식의 부담스러운 풍미를 씻어낼 때다. '치킨에는 맥주'라는 말이 있듯이 느끼한 튀김류나 삼겹살, 베이컨과 같이 기름기가 많은 고기류는 청량한 맥주와 매우 훌륭한 조합을 이룬다.

또한 청량한 맥주 중 필스너나 뮌헨 헬레스처럼 맥아의 풍미를 잘 살리고 있는 맥주들은 곡식이나 밀가루로 만든 다양한 음식들, 가령 피자나 햄버거, 나초, 리소토와 같은 음식과도 잘 어울린다. 마지막으로 은은한 홉의 풍미가 잘 살아있는 블론드 에일, 그리고 새콤한 밀 맥아의 향미가 반영된 헤페바이젠이나 벨지안 화이트 같은 맥주들은 다양한 재료들의 섬세한 풍미를 느낄 수 있는 샐러드, 또는 해산물과 좋은 짝을 이룬다.

호피한 맥주들

페일 에일, 비터, 앰버 에일, 브라운 에일, IPA

홉의 농후한 아로마와 쓴맛 때문에 흔히 수제 맥주의 전형으로 알려진 호피hoppy한 맥주들은 너무 강한 홉 아로마 때문에 푸드 페어링에 있어서는 양날의 검이라고 할 수 있다. 강한 풍미를 가진 적절한 음식과의 조합이라면 음식을 질리지 않고 마무리할 수 있도록 도와주지만, 잘못 조합했다가는 맥주의 풍미 때문에 음식의 맛을 거의 느끼지 못할 수도 있다.

우선 호피한 맥주들 중 영국 스타일의 영향을 받은 맥주들(영국식 페일 에일[비터], 브라운 에일, 아이리시 레드 에일 등)은 홉의 쓴맛이 덜해 상대적으로 음식과의 매칭이 쉬운 편이다. 흙이나 숲을 연상케 하는 자극적이지 않은 홉 아로마와 낮은 탄산으로 부드러운 목 넘김이 가능하다. 그리고 입맛을 다시게 만드는 감칠맛 덕분에 다양한 음식들과 무난하게 어우러진다. 또한 옅은 갈색빛 또는 붉은빛을 띤 맥주들은 생선요리나 초밥과 같은 신선한 해산물 요리와 좋은 궁합을 보인다.

반면 미국 스타일의 영향을 받아 시트러스나 열대과일, 소나무 계열의 홉 아로마를 가진 맥주들(미국식 페일 에일, 미국식 IPA 등)은 향이 강한 구이요리나 매콤한 요리와 어울린다. 이때 함께 마시는 호피한 맥주들은 그 씁쓸한 맛과 소스의 풍미-새콤함, 달콤함, 매콤함 등-로 인해 미각이 지루해질 틈이 없다.

호피한 맥주들은 앞서 언급한 청량한 맥주들처럼 기름진 음식이나 햄버거, 피자처럼 소스로 맛을 내는 빵 요리에도 잘 어울린다. 다만 의도적으로 홉의 쓴맛을 강조하기 위해 만들어진 더블 IPA(임페리얼 IPA)는 훈제요리처럼 매우 향이 강하거나 초코케이크와 같이 단 음식이 아닌 일반적인 음식과는 오히려 역효과가 날 수 있다.

몰티한 맥주들

복 비어, 벨기에 에일, 발리 와인, 밀크 스타우트 등

건포도, 토피, 슈가 캔디 등 캐러멜화된 맥아로 인해 나타나는 진득한 단맛이 특징인 몰티malty한 맥주들은 벌컥벌컥 들이키기보다는 마치 그 자체가 하나의 요리인 양 한 모금씩 음미하도록 만들어졌다. 몰티한 맥주들은 이런 묵직한 바디감과 강렬한 풍미 때문에 일반적인 라거 맥주에 익숙한 사람이 가장 적응하기 힘들어하는 타입의 맥주이기도 하다.

몰티한 맥주들은 담백한 음식보다는 바비큐와 같이 로스팅된 풍미를 가진 음식이나 졸여진 소스 기반 요리들과 상당히 좋은 조화를 이룬다. 가장 대표적인 예로 드는 음식은 석쇠에 구운 소시지, 탄두리 치킨이나 케이준 스타일로 구워진 음식, 그리고 진한 카레나 스튜와 같이 양념으로 바싹 졸여서 조리된 요리들이다. 이 요리들은 훈제 향 때문이든 소스 때문이든 저절로 밥 생각이 간절해질 정도로 진한 풍미를 가졌는데, 이때 마시는 진하고 농후한 맥아 기반의 맥주는 좋은 파트너가 되어줄 것이다.

로스팅된 풍미를 가진 맥주들

다크 라거, 슈바르츠비어, 스타우트, 포터

로스팅된 풍미를 가진 맥주들은 몰티한 맥주들과 색깔은 비슷하지만 맥아의 단맛이 억제되는 대신 짙은 커피 향, 통나무 향을 가져 상당히 드라이한 느낌을 준다. 우리가 흔히 '흑맥주'라고 부르는 맥주가 바로 이 부류에 속한다. 특유의 탄내가 사람들의 외면을 받는 이유이기도 하지만, 비슷한 방식으로 만들어진 훈제나 바비큐 요리들과는 최상의 궁합을 이룬다.

또한 도넛에 커피가 자연스럽게 떠오르듯 로스팅된 풍미를 가진 맥주가 품은 드라이함과 씁쓸함은, 초콜릿이나 치즈케이크 등 각종 단맛을 가진 디저트와도 잘 어울린다.

청량한 맥주들

페일 라거, 쾰쉬, 블론드 에일
: 대부분의 음식과 잘 어울린다. 치킨, 감자 등의 튀김류, 기름기가 많은 고기류

필스너, 뮌헨 헬레스
: 곡식이나 밀가루로 만든 햄버거나 나초, 리소토

블론드 에일, 헤페바이젠, 벨지안 화이트
: 섬세한 풍미를 가진 샐러드, 해산물

호피한 맥주들

영국식 페일 에일, 브라운 에일, 아이리시 에일
: 생선요리나 초밥과 같은 신선한 요리

미국식 페일 에일, 미국식 IPA
: 향이 강한 구이 요리, 매콤한 요리

더블 IPA, 임페리얼 IPA
: 향이 강한 훈제요리, 초코케이크처럼 단 음식

몰티한 맥주들

복 비어, 벨기에 에일, 발리 와인, 밀크 스타우트
: 석쇠에 구운 소시지, 탄두리 치킨, 카레나 스튜와 같이 진한 풍미의 음식

로스팅된 풍미를 가진 맥주

다크 라거, 슈바르츠비어, 스타우트, 포터
: 치즈케이크, 초코케이크 등의 단 음식, 훈제나 바비큐 요리

FESTBIER

LAGER

DUNKEL

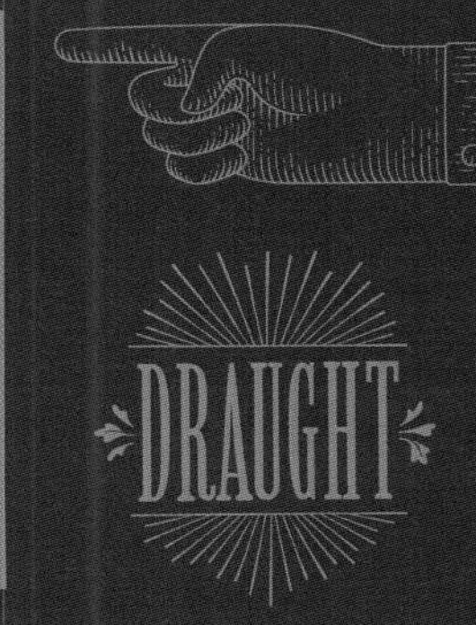

PALE ALE

FESTBIER

LAGER

Weißbier

Part 02

맥주 한 모금에 담긴 역사 한 토막

고대와 중세의 맥주:
야만인의 음료에서 생명의 빵으로

맥주에 관심을 가지고 수입 맥주 코너를 살펴보면 수많은 맥주 스타일과 브랜드에 깜짝 놀라게 된다. 독일, 벨기에, 영국 등 유럽 국가와 미국 등을 제외하고도 지금 이 순간 전 세계에서는 수많은 맥주가 만들어지고 그만큼 팔려나가고 있다. 이처럼 다양한 맥주는 어느 날 갑자기 생겨난

게 아니다. 맥주의 발원지인 유럽에서부터 시작하여 바다를 건너 미국을 포함한 세계 각국으로 이어지는 맥주의 역사와 그 맥을 같이 하고 있다. 이번 장에서는 이 길고도 긴 맥주의 변천사를 간추려 다루어 보고자 한다.

맥주의 태동기

보리를 발효시켜 만드는 알코올음료인 맥주는 세상 여느 발효음식이 그러하듯 그 발명자가 명확하게 밝혀지지 않았다. 단지 수천 년 전부터 사람들은 과일이나 곡식 등 당을 함유한 식량이 특정한 조건을 만족할 경우 부패하지 않고 새로운 풍미를 가진 음식이 되거나 기분이 좋아지는 액체로 변할 수 있다는 것을 경험적으로 알고 있었을 뿐이다.

맥주는 보리를 가장 먼저 재배하기 시작했던 서아시아 일

대에서 최초로 나타났다. 당시의 맥주는 오늘날 우리가 마시는 황금빛 음료와 달리 사실상 걸쭉한 보리죽에 더 가까웠다고 예상된다. 지금까지 알려진 가장 오래 된 맥주에 관한 유물은 기원전 3500년경 이란에서 발견된 맥주 양조용 항아리다. 한편 4000여 년 전 수메르 문명의 석판 유물에서는 최초의 맥주 양조 레시피가 적혀 있는데, 여기에는 맥주 양조의 여신 닌카시Ninkasi의 이름도 함께 언급되어 있다. 이러한 맥주 관련 유물과 기록은 메소포타미아 문명뿐만 아니라 당시 보리가 재배되던 이집트와 심지어 중국에서도 폭넓게 나타나고 있다. 특히 이집트의 보리 농사법은 맥주와 함께 고대 그리스를 거쳐 이탈리아반도를 포함한 유럽 전체로 확산되었다.

이쯤에서 우리는 당시 사람들이 맥주를 어떻게 생각했는지 알아보기 위해 시선을 고대 로마로 돌려볼 필요가 있다. 현대 유럽 형성에 막대한 영향을 미친 로마의 유산 중에는 맥주에 관한 이야기도 포함되어 있기 때문이다.

맥주를 마시고 있는 고대 수메르인들이 새겨진 석판. 당시의 맥주는 점성이 있는 보리죽에 가까운 것이어서 대롱으로 내용물을 섭취하는 방식이었다.
출처: https://cdli.ucla.edu/pubs/cdlj/2012/cdlj2012_002.html

원래 로마는 이탈리아반도에서 출발한 작은 도시국가였다. 건국 후 약 800여 년의 시간이 지난 뒤, 북아프리카의 라이벌 국가인 카르타고와의 수차례의 전쟁 끝에 지중해 패권을 장악했고, 이후 우리가 잘 아는 로마의 명장 카이사르의 활약으로 갈리아(오늘날의 프랑스)와 히스파니아(오늘날의 이

베리아반도)를 정복하면서 유럽 대륙으로 진출하게 되었다. 그리고 제정帝政이 성립되는 시점에는, 북으로는 오늘날의 잉글랜드와 프랑스, 동쪽으로는 발칸반도와 터키, 남쪽으로는 북아프리카와 이집트에 이르는 광활한 면적을 지배하는 대제국으로 성장하게 된다.

현재 20여 개 국가와 접하고 있는 거대한 바다 지중해를 '로마의 호수'라 부를 정도로 거대하게 성장한 로마제국은 이전에 존재했던 페르시아, 바빌로니아 등의 고대 제국과는 달리, 오늘날 서양 문화 형성에 직접적인 영향을 미쳤다. 비록 정복자였지만 누구든지 '로마 시민'이 될 수 있다는 공정하고 합리적인 통치는 정복지 주민들을 점차 로마인으로 동화시켜 나갔다. 동시에 술 문화를 포함한 로마의 문화적 상징 역시 '로마다운 것', 또는 '로마에서 성공하기 위해 필요한 소양'이라는 이름으로 정복지 주

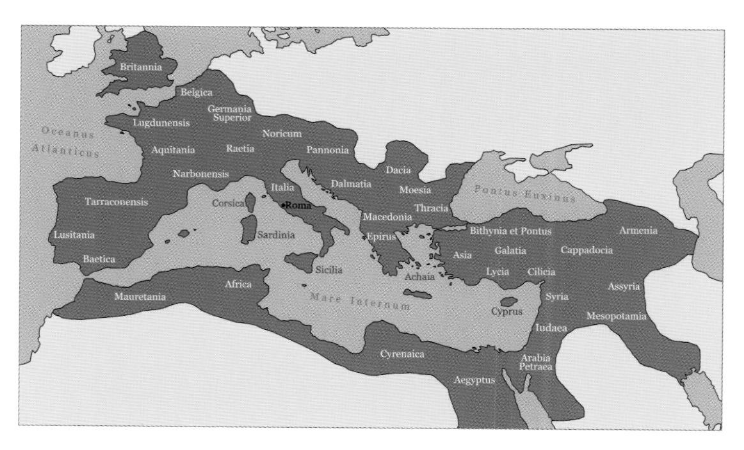

로마제국의 최대 판도. 뒤페이지의 알코올 벨트 지도와 비교해 보길 바란다.

민들에게 학습되었을 것이다.

로마 문화의 작은 비밀을 잠시 짚고 넘어갈 필요가 있다. 아직 로마가 이탈리아반도의 작은 공화국이었던 시절, 로마는 쇠락했지만 여전히 학문적으로 융성하였던 아테네, 테베, 코린토스 같은 그리스 도시국가들의 학문을 배우기 위해 노력했다. 많은 귀족 자제들이 그리스의 문학과 웅변술, 논리학 등을 배우기 위해 그리스 유학길에 올랐고, 그 과정에서 그리스의 많은 문화 요소가 로마로 유입되었다. 그중 하나가 바로 도시국가 특유의 폐쇄성에서 비롯된 '야만인(바르바로이)'에 대한 경멸이었다. '알 수 없는 말로 웅얼거리는 사람들'이라는 말에서 유래된 단어인 '바르바로이'의 생활양식은 그리스인들의 문화에 비해 열등한 것으로 치부되었는데, 바르바로이인들이 마시는 보리로 만든 액체에 대한 경멸도 포함되어 있었다.

지중해성 기후 덕분에 포도가 잘 자랐던 그리스에서 포도주는 생활의 필수품이라 할 정도로 많은 사랑을 받았다. 고대 그리스의 환락과 풍요의 신 디오니소스가 포도주의 신을 겸하고 있는 것은 우연은 아니다. 반면 맥주와 같은 곡물주는 보리를 많이 생산했던 이집트와의 교류를 통해 존재를 알리고 있었지만, 상대적으로 하등한 것으로 여겨졌다. 이러한 구도는 그리스인들의 문학과 각종 편찬물 속에서 선악구도를 형성했고 은연중에 로마 지배층 의식 속에 자리 잡았다. 같은 지중해 문화권에 속해 포도주를 즐겨 마셨던 로마인들 역시 그리스인들의 주장을 자연스럽게 받아들였다.

게다가 로마제국이 유럽으로 확장되는 과정에서 로마인들은 '곡물주를 마시는 야만인' 게르만족과 대립했고 그리스인들과 유사한 두

려움과 경멸을 느꼈다. 특히 서기 9년에 벌어진 토이토부르크숲 대전투에서 3개 군단을 잃는 뼈아픈 패배를 당한 이후, 로마제국은 라인강 동쪽으로 진출하는 것을 단념했다. 그렇게 그 너머는 야만인들의 영역으로 남게 되었다. 이 같은 구도가 굳어지고 서기 1세기경, 로마의 역사가 타키투스가 게르만족들의 맥주를 '상한 보리즙quodammodo corruptum'이라고 표현한 것은 당시의 로마인들이 맥주를 어떻게 생각했는지를 잘 보여주고 있다.

이후 로마의 지배를 받았던 프랑스와 스페인 그리고 발칸반도에서는 지배 세력인 로마인의 와인 문화가 자연스럽게 정착되었다. 반면 로마의 영향력이 닿지 않은 '비문명권', 즉 라인강 동쪽 지역, 그리고 지리적으로 포도가 잘 자라지 않는 잉글랜드와 아일랜드 지역 등은 계속해서 곡물주를 마시는 문화권으로 남게 되었다.

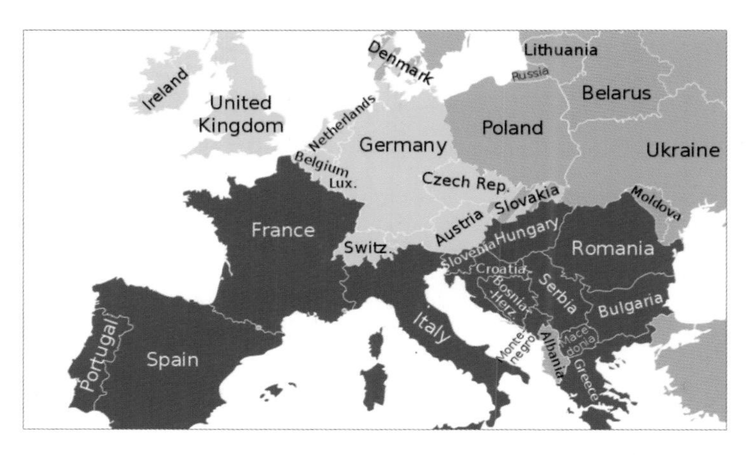

유럽의 알코올 벨트alcohol belts. 자연환경의 영향과 로마제국 시기의 문화적 유산으로 인해 현재 와인을 즐겨 마시는 와인 벨트(붉은색 영역)는 옛 로마제국 시기의 영역과 매우 유사하다. 한편 로마제국의 지배를 받지 않았던 게르만족 거주 지역은 오늘날까지 맥주를 즐겨 마시는 맥주 벨트(노란색 영역)에 해당한다. 참고로 푸른색 영역은 보드카를 즐겨 마시는 보드카 벨트다. 출처: 위키피디아

태초에 맥주가 있었더라면

서기 476년, 내우외환으로 흔들리던 서로마제국이 결국 멸망했다. 유럽 대륙의 주역이 라틴족에서 게르만족으로 넘어간 것이다. 게르만족들은 여러 부족으로 나뉘어 전쟁을 벌이다 5세기경 세워진 프랑크 왕국에 의해 통합되었는데, 이후 프랑크 왕국이 기독교를 국교로 인정하는 대신 교황에게 서로마 황제로 인정받으면서 기독교 활동은 계속해서 인정받게 되었다.

포도 경작이 활발해 포도주를 즐겨 마셨던 지중해와 북아프리카 문화권에서 탄생한 기독교에는 포도주에 관한 이야기가 많다. 가장 유명한 표현은 바로 예수 그리스도가 자신의 피를 포도주로 빗댄 것이다. 성경 자체가 여호와의 계시를 전해들은 선지자들에 의해 쓰인 것으로 여겨지는 특성상, 그리스도의 피라는 칭호를 획득한 포도주는 기독교에서 가장 중요한 상징으로 받아들여졌다. 그리고 기독교를 국교로 공인한 로마제국 내에서 포도주는 단순히 '로마인'의 술이 아닌, 보편 종교의 상징으로 초월적인 권위를 획득하게 되었다. 이는 서로마제국이 멸망한 뒤에도 포도주의 위상이 유럽 대륙에서 지속되는 이유였다.

유럽 대륙을 제패했던 프랑크 왕국의 기독교를 받아들인 것은 기독교, 그리고 포도주가 전 유럽으로 전파되는 계기를 제공했다. 그럼에도 불구하고 맥주는 많은 유럽인들이 즐겨 마시는 음료로 남았다. 그 이유는 무엇일까? 가장 먼저 생각할 수 있는 이유는, 게르만족은 로마의 지배권에 속해 있지 않았기 때문에 맥주를 즐기는 습관을 유지할 수 있었다는 점이다. 하지만 그것보다 더 근본적인 이유는 서로마제국 멸망 이후 일어난 사회 인프라의 붕괴 때문이다. 서로마 멸망 이후, 르네상스가 시작되기 전까지의 중세 시대를 암흑시대로 지칭하는 것은 르네상스 역사가들의 지나친 과장이라는 것이 정설이다. 하지만 서로마 멸망 직후 게르만족들의 침입과 온갖 크고 작은 전쟁이 일어나는 과정에서 로마가 축적해 놓은 갖가지 행정 기반이 소실된 것 또한 사실이다. 당시 무엇보다 중요했던 상수도 역시 파괴되거나 방치되면서 제구실을 하지 못하게 되었고 주민들은 다시 우물에 의지해 식수를 구해야 했다.

사람들이 많이 모이는 곳에서 생겨나는 각종 오물이 제대로 처리되지 않고 땅으로 스며들면, 지하수에는 각종 전염병을 일으키는 세균이 가득 차기 마련이다. 실제로 티푸스와 같은 수인성 전염병은 오랫동안 유럽의 수많은 사람을 죽음으로 몰아넣은 주범이었다. 이 과정에서 사람들은 지하수를 마신 사람에 비해 맥주를 마신 사람들이 상대적으로 살아남을 가능성이 높다는 것을 알게 됐다. 물론 오늘날에는 맥주 제조 공정상 맥아를 맥아즙으로 만들기 위해 끓이는 과정에서 유해한 세균들이 사멸한다는 것을 알고 있다. 그뿐만 아니라 잡균이 유입되면 맥주의 풍미가 떨어진다는 것을 경험적으로 아는 양조업자들은 예나 지금이나 양조장을 청결하게 유지하기 위해 부단한 노력을 기울인다. 하지만 이러한 과학적 사실을 몰랐던 당시의 사람들은 맥주 그 자체에 건강을 유지시켜 주는 힘이 있다고 믿었다. 아무튼 이러한 이유로 맥주는 주민들에게 세균으로부터 자유로운 식수원을 제공했다. 요컨대 포도주가 그리스도의 피였다면 맥주는 유럽인들의 피 그 자체였던 것이다.

맥주 펍pub과 여자들

루어리Lost Coast Brewery와 같이 여성 브

리도 있지만, 오늘날 맥주를 만드는 사

너나 근대 이전의 유럽에서는 가정용

이었다. 이러한 전통은 곡물주를 만들

오던 것이었는데, 당시만 해도 맥주는

안전한 식수이자 영양 보충의 수단으로

리네 김장 김치가 그러하듯 집마다 맛

여성은 동네 여기저기서 맥주를 팔아

처음에는 집 앞에서 자신들이 만든 맥
을 두고 동네 손님들을 받았을 것이고
객실들을 만들었을 것이다. 이렇게 평
판 스타트업'은 중세 유럽 어디에서나
양조는 험난했던 중세 시대, 여성이
는 활동 중 하나였다. 실제로 중세 시대
, 이곳은 목을 축이려는 주민들과 여행
나 르네상스 시대 이후 서서히 분업고
구석에 자리 잡기 시작하면서 여성의
란 항아리를 들고 양조장이나 펍을 찾
는 형태가 일반적인 모습이 되었다.

수도원 맥주의 탄생

비록 '그리스도의 피'라는 타이틀을 가진 포도주의 고귀한 지위에는 도전하지 못했지만, 결과적으로 맥주는 중세 시대에도 유럽인들의 친구로 계속 남아 있었다. 로마 시절만 해도 '야만인들의 술'로 치부되었던 맥주는 오히려 유럽에 널리 퍼진 기독교 신앙과 결합해 몇 가지 독특한 풍경을 만들었다. 가장 극적인 모습은 바로 수도원에서 생산하는 맥주가 등장했다는 점이다. 이는 대중의 맥주 문화, 열악한 식수 상황, 그리고 초기 교회의 모토를 속세와 격리된 상태에서 구현하려는 종교인들의 열의가 합쳐진 결과였다.

원래 수도원에서 만드는 맥주는 수도사들의 자체 소비용 목적이 컸다. 특히 사순절과 같은 시기에는 단식을 해야 했는데 맥주는 '먹는' 것이 아니라 '마시는' 것이었기에 예외로 인정받았다. 덕분에 맥주는 단식 기간 동안 수도사들이 영양을 유지하는 데 도움을 주었다. 수도원에서 맥주를 만드는 또 다른 이유는 바로 손님 접대였다. 대부분의 수도원은 가난한 순례객들부터 시작해 왕과 귀족에 이르기까지 각계각층의 방문객들을 대접해야 했고, 이를 위해서는 항상 충분한 양의 맥주가 필요했다.

수도원이 맥주 역사에 있어 남긴 가장 중요한 흔적은 바로 맥주를 양조하던 수도사들이 오늘날 맥주의 기반을 닦아놓았다는 점이다. 당대 지식인들이 모여 있던 수도원은 고전 시대의 학문을 보존하고, 연구한 내용을 교회 네트워크를 통해 공유하는 유럽 최고의 연구기관 중 하나였다.

수도사들은 원가 절감이나 이윤 극대화가 아니라, 학구적인 태도로 보다 맛 좋고 오래 보관할 수 있는 맥주 레시피를 찾기 위해 연구했고 그 노하우를 교회 네트워크를 통해 공유했다. 그 덕분에 수도원에서 만드는 맥주들은 저잣거리 맥주처럼 '얕은꾀'를 쓰지 않고 정석대로 만들어진 질 좋은 맥주로 정평이 났다.

여러 수도회 중에서도 베네딕토회Benedictine Order는 현대 맥주의 원형을 제시했다는 점에서 맥주 발전에 특별히 기여했다. 노동과 청빈을 강조한 성 베네딕토의 제창으로 세워진 이 수도회는 노동을 단순한 자급자족을 위한 방편이 아니라 신의 은총을 발견하고 확인하는 종교 수행으로 여겼다. 그리고 최고의 상품을 만들어내는 것이 곧 만물을 창조한 신에게 보답하는 일이라고 여겼다. 그들은 맥주의 풍미와 보존성을 개선하기 위해 다양한 실험을 거친 그 결과, 처음으로 맥주에 홉을 첨가하는 방법을 고

베네딕토회 소속으로, 현재도 맥주를 생산하고 있는 독일 바이에른주의 벨텐부르크 수도원

안해냈다.

오늘날 우리들은 맥주에 홉이 들어가는 것을 매우 당연하게 여기지만, 중세 시대까지만 해도 맥주에는 그루트gruit라고 불리는, 야생의 다양한 허브 혼합물이 첨가됐다. 맥아와 홉, 효모로 만들어진 알코올음료라는 맥주에 대한 선입견이 존재하는 오늘날의 시각에서 중세의 맥주 맛은 꽤 낯설었을 것이다. 그리고 첨가된 약초나 허브 대부분은 기대와는 달리 맥주의 장기 보존에 도움을 주지 못했고, 오히려 독초가 섞여 생사람을 잡는 경우도 왕왕 일어났다.

그러던 중 8세기경, 오늘날의 독일 바이에른 지방에 해당하는 바바리아의 베네딕토회 소속 바이엔슈테판 수도원 양조장에서 홉을 재배하기 시작했다. 이는 문헌상으로 확인이 가능한, 맥주 제조에 있어 홉을 사용했다고 추정되는 첫 번째 사례다. 이후 12세기가 되면서 베네딕토회의 여성 수도원장인 힐데가르트 폰 빙엔Hildegard von Bingen이 맥주 레시피에 홉을 사용한 내역과 그 효과를 정확하게 기록했다. 신학, 철학, 자연과학, 의학, 약초학, 교회음악 등 수많은 분야에 업적을 남겼던 그녀는 이 업적으로 홉 재배인들의 수호성인으로 추앙받아 왔으며 맥주의 역사에서도 큰 족적을 남긴 여성 브루마스터로 인정받고 있다.

물론 베네딕토회의 이와 같은 발견에도 불구하고 오늘날 우리가 마시는 것과 같은 맥주 레시피가 유럽에 정착될 때까지는 수백 년의 시간이 더 필요했다. 일부는 전통을 고수하기 위해, 그리고 또 일부는 그루트 이권과 관련된 탐욕 때문에 홉을 거부했다. 하지만 수많은 맥주 양조업자들이 찾아 헤맸던 살균 및 보존 효과와 더불어 입맛을 돋우는 씁쓸한 풍미를 가진 홉이 유럽 브루어리들을 매혹시키는 것은 시간문제였다.

근대의 맥주:
격랑의 유럽, 출렁이는 맥주

많은 역사가들이 서로마제국의 멸망 다음으로 서양사의 중요한 분기점을 르네상스 시대, 그리고 종교개혁 시대로 꼽는다. 이 시기 예술가들은 눈에 보이지 않는 신 대신 인간을 그리기 시작했고 니콜라스 코페르니쿠스Nicolaus Copernicus를 필두로 한 자연과학자들은 신의 섭리 대신 경험적인 관찰을 통해 세상을 설명하기 시작했다. 사람들은 부패한 종교와 십자군 전쟁의 실패, 흑사병의 공포 속에서 지위고하를 막론하고 신의 섭리와 성경의 가르침에 회의를 품기 시작했다. 이러한 사람들의 변화는 곧 세속주의, 자본주의, 제국주의 등 근·현대 서양의 모든 것들을 이루어나가는 거대한 소용돌이로 이어졌다. 단조로웠던 삶의 영역이 점차 넓어지고 복잡해지면서, 맥주도 그에 맞는 변화를 겪었다. 그리고 이러한 변화는 오늘날까지 이어지는 다양한 맥주 스타일을 형성하는 원천이 되었다.

맥주순수령과 한자동맹

1516년 독일 남부 바이에른에서 발효된 맥주순수령Reinheitsgebot은 당시 난립하던 저질 맥주를 규제하고, 맥주의 원료를 맥아, 홉, 그리고 물로 제한했다. 이 사건은 오늘날 맥주의 원형을 제시했다는 점에서 스마트폰의 역사에서 아이폰의 등장과 비슷한 위상을 차지하고 있다. 실제로 수많은 스마트폰 제조사들이 아이폰의 디자인을 흉내 내는 것과 마찬가지로, 오늘날에도 맥주순수령을 준수했다는 문구는 독일 맥주에서 흔히 볼 수 있는 문구이기도 하다.

맥주순수령이 당시의 혼란스러웠던 맥주 양조 제도를 일신하고, 위생적이고 질 좋은 맥주를 공급하기 위한 목적으로 제정되었다는 사실은 맥주 애호가라면 한 번쯤은 들어보았을 것이다. 하지만 여기에는 몇 가지 사정이 더 있다.

오늘날 국가들이 생존을 위해 무역 동맹을 맺는 것처럼 중세에도 여러 종류의 무역 동맹이 존재했다. 그중 가장 유명한 것이 바로 한자동맹Hanseatic League이다. 14세기 초 발트해 연안 도시를 중심으로 맺어진 한자동맹은 가입된 도시들 간의 상업적 특혜와 자체적인 군사력을 바탕으로 200여 년간 북유럽 일대의 상업을 지배했다. 그리

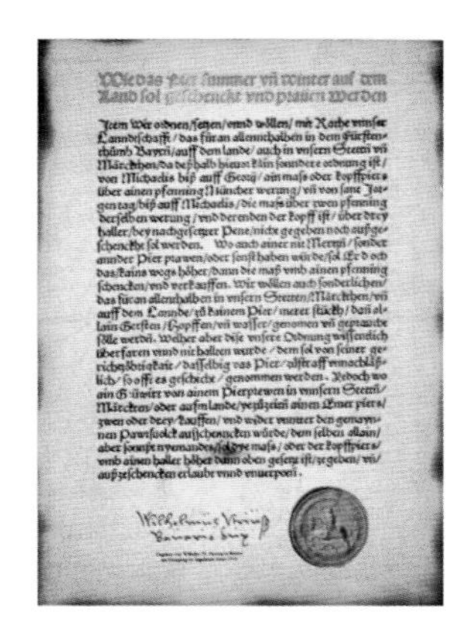
Wie das Pier summer vñ winter auf dem
Land sol geschenckt vnd prauen werden

Item Wir ordnen/setzen/vnnd wöllen/ mit Rathe vnnser
Lanndtschafft / das für an allenthalben in dem Fürsten-
thumb Bayrn/auff dem lande/ auch in vnsern Stettñ vñ
Märckthen/da deßhalb hieuor kain sondere ordnung ist/
von Michaelis biß auff Georij / ain maß oder kopffpier
über ainen pfenning Müncher werung/ vñ von sant Jor-
gen tag/biß auff Michaelis/die maß über zwen pfenning
derselben werung/vnd derenden der kopff ist / über drey
haller/bey nachgesetzter Pene/nicht gegeben noch außge-
schenckht sol werden. Wo auch ainer nit Mertzn/sonder
annder Pier prawen/oder sonst haben würde/sol Er doch
das/kains wegs höher/dann die maß vmb ainen pfenning
schencken/vnd verkauffen. Wir wöllen auch sonderlichen/
das für an allenthalben in vnsern Stetten/Märckthen/vñ
auff dem Lannde/zu kainem Pier/merer stückh/dann al-
lain Gersten/Hopffen/vñ wasser/genomen vñ gepraucht
sölle werdñ. Welher aber dise vnsere Ordnung wissentlich
überfaren vnnd nit hallten wurde/dem sol von seiner ge-
richtzobrigkait/dasselbig vas Pier/zustraff vnnachläß-
lich/so offt es geschicht/genommen werden. Jedoch wo
ain Gåwwirt von ainem Pierprewen in vnnsern Stettñ/
Märckten/oder aufm lande/yezüzeiten ainen Emer piers/
zwen oder drey kauffen/vnd wider vnnter den gemaynen
Pawrsuolck außschencken würde/dem selben allain/
aber sonnst nyemandem/soliche maß/oder den kopffpiers/
vmb ainen haller höher dann oben gesetzt ist/zegeben/vñ/
außzeschencken erlaubt vnnd vnuerpoten.

맥주순수령 선포문

고 이들의 주력 상품에는 맥주 역시 포함되어 있었다. 이 과정에서 발트해와 북독일 지방 도시들로 구성된 한자동맹과 신성 로마제국에 속했던 남독일 지방 도시 사이에서 맥주를 둘러싼 보이지 않는 전쟁이 벌어지기 시작했다.

판세는 한자동맹에 유리하게 돌아가고 있었다. 일찍이 농경 중심 사회였던 남부 독일과 달리, 플랑드르 지방(오늘날의 네덜란드, 벨기에, 프랑스 북부)과 더불어 유럽에서 상공업이 가장 빨리 발달한 북해 인근은 맥주의 철저한 품질관리로 이름이 높았다. 게다가 한자동맹은 맥주 생산과정을 간략화하고 도시들 간의 레시피를 일원화하면서 생산 원가를 절감했다.

저렴한 한자동맹의 맥주들이 전 유럽에 유통되었고, 이웃해 있던 남부의 신성 로마제국 역시 예외는 아니었다. 오늘날이야 옥토버페스트Octoberfest로 유명한 바이에른이 맥주의 성지로 꼽히지만, 당시만 해도 바이에른을 포함한 남부 독일 맥주는 품질이 형편없기로 유명했다. 미흡한 품질관리와 부적절한 원료를 사용하는 비양심적인 양조업자 등의 이유로 남부 독일 맥주는 시장에서 외면받았다. 귀족들마저 표면적으로는 지역산 맥주를 옹호하면서도 자신들의 집에서는 한자동맹에서 만든 맥주를 즐겨 마실 정도였다.

상인들의 매출이 감소하면 걷을 수 있는 세금이 줄어드는 게 뻔했고, 자신들의 봉토와 이를 지킬 군대를 양성할 수 없게 된다는 건 영주들 간의 경쟁에서 도태된다는 것을 의미했다. 그리고 언제 영지를 노리는 전쟁이 일어나도 이상하지 않을 유럽에서 생활필수품이었던 맥주의 시장 점유율을 수입산에 의존하는 현상은 바람직하지 않았다.

이런 문제를 해결하기 위해 바이에른의 공작인 알브레트

4세Albrecht Ⅳ가 팔을 걷어붙였다. 그는 1487년 11월 맥주의 성분을 물, 보리, 홉으로 한정 짓는 최초의 맥주순수령을 작성했다. 30여 년 뒤인 1516년 4월, 바이에른 공작 빌헬름 4세Wilhelm Ⅳ는 이를 의무화하고 맥주에 대한 품질관리 기준을 강화했다.

결과적으로 맥주순수령은 바이에른 군주가 바라던 목적을 달성하게끔 해주었다. 맥주순수령 선포는 각종 저질 맥주가 난립하던 남부 독일의 맥주 품질을 일신하는 계기가 되었다. 게다가 빵의 원료인 밀과 호밀을 맥주 양조 사용에 금지함으로써 빵과 같은 서민 물가 안정에도 도움이 되었다. 무엇보다도 북해 지역과 같은 타 지역의 '이질적인 재료'로 만들어진 맥주들이 바이에른 영토 내에서 판매되지 못함으로써 시장을 보호할 수 있었다.

여담이지만, 맥주순수령으로 말미암아 불법이 될 위기에 놓였던 밀맥주 산업을 바이에른 왕가가 독점하게 되었는데, 이는 왕실 세수 이외에도 꽤 괜찮은 수입을 가져다주었다.

1983년 서독에서 맥주순수령 제정 450주년 기념으로 만든 우표

맥주순수령 뒷이야기

오늘날 맥주의 역사에 있어 매우 중요한 사건으로 여겨지는 맥주순수령은 1516년 발효되었을 당시만 해도 바이에른 지역에서만 유효한 포고령에 지나지 않았다. 맥주순수령이 독일 전체의 맥주시장에 영향을 미치게 된 것은 그로부터 350여 년이 지나 비스마르크 재상이 이끄는 프로이센이 독일을 통일한 1871년 이후였다. 당시 바이에른은 제국 가입 조건으로 독일 전 지역에 이 맥주순수령을 적용할 것을 내세웠다. 당연히 바이에른을 제외한 독일의 거의 모든 양조장들이 반발했지만, 우여곡절 끝에 바이에른의 주장은 받아들여졌다. 이후 100여 년 동안 맥주순수령은 독일 전 지역에 뿌리내리게 되었다.

그러나 맥주순수령은 유럽 시장 통합으로 한때 위기를 맞이하게 되었다. 다른 부가물을 섞어 만든 맥주들을 판매하는 유럽의 맥주회사들이 독일의 맥주순수령을 무역장벽이라고 주장하며 유럽사법재판소에 소송을 건 것이었다. 법정 공방 결과 1988년 5월, 유럽사법재판소는 맥주순수령의 폐지를 권고했고 오늘날 수입산 맥주에는 이 맥주순수령이 적용되지 않는다. 또한 1993년에는 임시 독일 맥주법이 발효되어 에일 맥주에 한정해 몇 가지 재료 추가 사용이 허가되었다.

종교개혁, 한 잔의 맥주가 일으킨 나비효과

종교개혁은 유럽의 중세가 끝나는 직접적인 계기로 손꼽을 정도로 유럽 역사에 큰 파장을 불러일으킨 사건이다. 물론 그 유명한 마르틴 루터Martin Luther(1483~1546)가 활약하던 16세기가 될 때쯤이면 신성 로마제국 황제가 교황 앞에서 무릎을 꿇은, 카노사 굴욕 사건은 옛이야기가 되었고, 오히려 아비뇽 유수와 같이 세속 군주가 교황을 쥐락펴락하는 사건들이 종종 벌어졌다. 그러나 여전히 교회의 부패와 타락은 변하지 않았고 개혁론자들의 목소리는 재야에 묻히며 종종 사형대의 이슬로 사라지기도 했다. 당시 여러 개혁적 성향의 성직자 중 하나였던 마르틴 루터는 독실한 기독교인으로서 교회 공동체가 다시 예전의 청빈하고 신실한 집단으로 재탄생하기를 바랐다. 하지만 결국 루터는 당시 교회 공동체에서 제명된다는 점에서 사회적 사형이나 다름없었던 파문의 위기에 봉착했다. 이때 루터가 기댈 곳은 기존 가톨릭교회에 불만을 품었던 세속 군주들뿐이었다.

루터가 자신의 운명을 결정하는 중요한 변론을 하기로 한 그 전날, 고향 친구가 그에게 제법 도수가 높은 아인벡 맥주를 보냈다고 전해진다. 그가 그 맥주를 불면증을 달래기 위해 마셨는지, 아니면 이판사판이라는 마음의 긴장을 달래기 위해 들이켰는지는 알 수 없다. 아무튼 결국 루터는 그 세속 군주의 마음에 들게 되었고 교회 파문에도 불구하고 목숨을 부지할 수 있었다. 애주가였던 루터는 그의 보호 아래에 있는 성내 마을에서 맥주를 자주 마셨는데, 성직자였던 그의 음주를 조롱하는 이에게 루터는 이렇게 응수했다고 전해진다.

"교회에서 술집을 생각하는 것보다 술집에서 교회를 생각하는 것이 훨씬 경건하다."

루터는 교회의 분열을 바라지 않았다. 단지 여러 혁신운동가들처럼 교회의 자성을 바랄 뿐이었다. 하지만 칼뱅과 같이 루터의 영향을 받은 급진주의자와 이를 정치적으로 이용하려는 세속 군주들의 등장으로 상황은 점점 되돌릴 수 없는 흐름으로 전개된다. 그리고 칠십여 년이 지난 뒤, 17세기 초부터 독일을 포함한 전 유럽은 최후의 종교 전쟁이라 불리는 30년 전쟁Thirty Years' War에 휘말리게 된다.

표면상의 이유는 왕위계승권 문제였지만, 결국은 유럽이 다시 로마 가톨릭 중심의 단일 사회로 돌아갈지, 정치 단위마다 고유한 종교의 자유를 누리는 사회로 나아갈지에 대한 결정이었다. 후자를 옹호하는 세력이 승리하면서 1648년 체결된 베스트팔렌 평화 조약Peace of Westphalia은 현대 유럽을 형성하는 데 반드시 언급해야 할 중대한 사건 중 하나로 꼽힌다. 이 사건 이후 유럽은 다양한 종파 관용에 기반한 근대 사회로 나아가기 시작했기 때문이다. 하지만 이는 전쟁에 의미를 부여한 결과일 뿐, 당시 30년 전쟁은 신성 로마제국, 즉 현재의 독일을 쑥대밭으로 만들어놓았다.

30년 전쟁은 맥주 역사에도 큰 영향을 미쳤다. 가톨릭을 믿었던 바이에른 지역을 중심으로 한 남부 독일은 원래 포도밭을 바탕으로 한 와인 양조산업이 발달한 곳이었다. 하지만 전쟁으로 포도밭이 모두 잿더미로 변하게 되면서 북독일을 따라 맥주를 생산하게 되었다. 북독일에서 생산된 아인벡 맥주 한 잔이 백여 년 뒤 남독일의 양조산업을 뒤흔들어버린 것이다. 그럼에도 불구하고 남독일 뮌헨이 옥토버페스트로 각광받고 있다는 점을 생각하면 루터가 우연히 마신 맥주 한 잔은 때로 신조차 예상하기 어려울 정도로 복잡한 결과를 가져온다는 것을 알 수 있다.

파도를 갈랐던 맥주들

이제 시선을 섬나라 영국으로 돌려보도록 하자. 콜럼버스의 아메리카 대륙 '발견'으로 대항해시대가 시작되면서, 바다를 장악하는 자가 세계를 지배한다는 인식이 퍼지기 시작했다. 그리고 스페인과 포르투갈보다 상대적으로 늦게 해양 진출을 시작한 영국은 섬나라라는 이점을 바탕으로 식민지 확장과 상업 발전을 도모하기 시작했고 특히 엘리자베스 여왕 치세기에 들어 영국의 꾸준한 노력이 빛을 발하였다. 1588년 영국은 전 세계 바다를 장악하고 있던 에스파냐의 무적함대를 격파했고 17세기에는 또 다른 경쟁자였던 네덜란드마저 무너뜨렸다. 18세기 중반이 지나갈 무렵 영국은 전 세계 해상에서의 우위를 확고히 다질 수 있었다.

이러한 시대 배경을 바탕으로 오늘날까지 이어지는 여러 맥주 장르들이 영국에 등장하기 시작했다. 가장 먼저 이야기해야 할 맥주는 **포터**Porter다. 당시 전 세계 물류 수송을 영국이 장악해나감에 따라 영국 항구들은 수많은 물량을 감당해야 했다. 지게차도, 크레인도 없던 시절, 배에 짐을 싣는 모든 작업이 인력으로 이루어졌고 수많은 인부들은 무거운 짐을 수도 없이 나르며 하루를 보냈다. 당연히 이들은 영양 보충을 위한 술을 찾게 되었다. 당시로써는 그중에서 영양이 풍부하다고 알려진 맥주가 가장 상식적인 선택이었다.

템스강을 따라 수운 무역이 이루어지던 런던에서도 상황은 비슷했는데, 이때 포터라는 맥주가 등장했다. 검정에 가까운 짙은 갈색, 그리고 로스팅된 커피 향과 의외로 가벼운 바디감의 포터는 당시 운송업에 종사했던 이들이 허기와 갈증을 달래는 용도로 많은 사랑을 받았다.

표트르 1세

전성기를 구가하던 영국은 많은 유럽 군주들에게 부러움의 대상이 되었다. 특히 당시 낙후한 국가였던 러시아 차르국의 군주 표트르 1세Peter the Great(1672~1725)는 섬나라 영국이 이루고 있는 성공적인 발전상에 매료되었다. 10살이라는 어린 나이에 차르가 되었다가 이복누이의 쿠데타로 실각해 야인 생활 경험이 있던 그는 실용적인 사고와 조국의 부국강병에 많은 관심을 가지고 있었다. 제위에 오른 후 서유럽으로 젊은 귀족들을 파견해 기술과 학문을 배워오도록 했는데, 그 자신 역시 가명을 쓰고 사절단의 일행으로 함께 따라가 여러 기술을 배웠다. 그는 영국에서 생활하는 동안 특히 영국의 맥주에 깊은 인상을 받고 돌아왔다.

표트르 1세는 사절단으로 참여한 젊은 귀족들과 함께 자신의 구상을 실현에 옮겼다. 우선 숙적이었던 스웨덴을 격파한 뒤, 수도를 유럽에 가까운 상트페테르부르크로 옮긴 뒤 1721년 러시아 제국을 선포했다. 그는 러시아로 돌아와 절치부심하는 나날들 속에서도 영국의 스타우트를 잊지 못해 영국산 맥주를 즐겨 주문했다. 이때 맥주를 운송하기 위해서는 북해와 발트해를 통과해야 했는데 바닷물도 얼어버리는 추위에 맥주 역시 쉽게 얼어버려 풍미를 잃기 일쑤였다. 결국 맥주 양조업자들은 맥주의 보존성을 높이기 위해 홉과 알코올 함량을 높인 타입의 새로운 스타우트를 만들었고 이것이 바로 임페리얼 스타우트Imperial Stout의 시작이었다.

임페리얼 스타우트와 더불어 이야기해야 할 맥주가 하나 더 있다. 바로 수제 맥주 하면 가장 먼저 기억하게 되는 인디아 페일 에일India Pale Ale이다. 이 맥주는 이름에서도 느껴지듯 인도와 관련이 깊다.

영국의 동인도 회사는 18세기 무렵부터 인도의 무역을 장악해나갔고 19세기에는 인도대륙의 원래 주인이었던 무굴제국을 꼭두각시로 만들어 사실상 통치하는 단계에 이르렀다. 당시 인도 식민지 통치를 위해 많은 영국인들이 인도에 건너갔는데, 보리 재배가 여의치 않던 인도 지역의 특성상 늘 본국에서 수입된 맥주를 필요로 했다. 오랜 경험상, 당시 사람들은 홉을 많이 첨가한 맥주가 보존성이 높다는 점을 알고 있었고 당연히 영국에서 인도로 수출한 맥주 역시 홉과 도수를 높인 형태의 맥주였다. 인도 거주 경험이 있었던 영국인들은 정작 고국에서 쉽게 맛볼 수 없었던 이 맥주에 대한 추억을 가지고 있었다. 이러한 틈새시장을 공략해, 한 영국인이 당시 유력한 맥주 종류 중 하나였던 페일 에일의 홉과 도수를 증강해 인디아 페일 에일을 출시했다.

산업혁명과 맥주: 맥주, 기술을 만나다

18세기가 지나고 19세기에 다다를 무렵, 유럽인들은 산업혁명과 과학혁명을 통해 인류 역사상 유례없는 기술적 발전과 부를 축적했다. 그리고 시시각각 새롭게 발명되는 기계와 과학기술을 통해 더 나은 맥주를 더 저렴하게 만들 수 있는 방법을 찾기 위해 경쟁해나갔다. 그 과정에서 맥주는 과학적이고 세련된 음료로 거듭났고 오늘날 우리가 마시는 맥주의 원형들이 하나둘 생겨나기 시작했다.

맑은 맥주, 페일 에일Pale Ale의 등장

19세기 이전까지 만들어진 거의 모든 맥주는 제조 공정상

검고 어두운 빛깔을 띨 수밖에 없었다. 보리를 맥아즙으로 만들려면 우선 싹을 틔운 보리(맥아)를 건조해야 했는데 당시 가장 흔하게 쓴 방법은 맥아를 불에 볶는 방식이었다. 문제는 땔감에 불을 때서 가열할 경우 불 조절이 어려워 맥아가 새까맣게 변했다는 점이다. 그래서 인류 역사 대부분의 기간 생산된 맥주는 오늘날 우리가 마시는 포터의 색깔처럼 짙은 갈색, 또는 검은빛을 띠었다.

하지만 18세기 초, 새로운 연료로 석탄이 쓰이기 시작하면서 상황은 달라졌다. 석탄은 나무에 비해 열효율이 높았고 잡내나 연기가 나지 않았다. 게다가 정량 첨가가 쉬웠기 때문에 가열 수준을 조절하기에도 용이했다. 석탄의 상용화는 탄내 나는 맥아로 골치 아파하던 양조업자들에게 희소식이었다. 곧 석탄을 이용해서 만든 코크스가 맥아 건조에 쓰이기 시작했고, 드디어 페일 에일이라 불리는 (당시로서는) 혁신적인 맥주가 18세기 중엽 등장을 알렸다.

종종 사람들은 페일 에일의 갈색과 '창백한'이라는 의미를 가진 pale이라는 단어가 모순이라고 말한다. 하지만 18세기만 해도, 펍에 가면 거무죽죽한 포터나 스타우트가 전부였던 당시 영국인들에게 페일 에일 정도의 투명한 갈색은 충분히 혁신적이었다. 물론 산업혁명 초창기에는 석탄이 비싸서 페일 에일이 큰 인기를 끌지 못했지만 석탄 가격이 차차 내려가면서 페일 에일은 기존의 주류 맥주였던 포터나 스타우트를 제치고 '비터Bitter'라는 별칭으로 영국에서 가장 일상적인 맥주로 자리를 굳히게 되었다.

맥주의 혁명, 황금빛 맥주

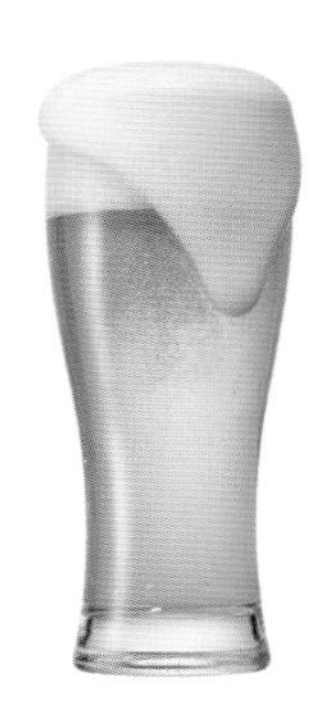

맥주의 근대와 현대를 나누는 가장 중요한 분수령은 무엇일까? 여러 가지 후보가 있겠지만, 오늘날의 맥주 문화와 가장 직접적인 연관을 맺고 있는 사건은 최초의 페일 라거인 필스너Pilsner의 발명일 것이다.

19세기 초반이 되면서 기계공업의 발달로 산업계에 다양한 기술들이 등장하기 시작했다. 그중에는 맥아를 건조할 때 사용할 수 있는 열풍 건조 기술도 포함되어 있었다. 불을 피워 맥아를 볶지 않고도 건조하는 방법이 등장하게 되었다는 것은 맥아의 원래 빛깔을 그대로 살린 맥주를 양조할 수 있게 되었음을 의미했다. 19세기 당시, 세상에는 이미 단백질 함량이 낮아 투명한 빛깔의 맥주를 양조할 수 있도록 해 주는 페일 맥아가 세상에 나와 있었고 누구든지 발상의 전환을 한다면 놀라운 맥주를 양조할 수 있었다.

세계 최초의 황금빛 맥주라는 역사적인 타이틀은 체코 플젠Plzeň의 시민 양조장에 돌아갔다. 훗날 필스너 우르켈 브루어리Plzeňský prazdroj가 되는 플젠 시민 양조장 양조업자들은 빼어난 맥주를 만들기 위해 노력하고 있었다. 특히나 하면발효 맥주 생산시설을 지하에 지어놓고 당시 하면발효 맥주로 유명한 양조업자 요제프 그롤Josef Groll을 바이에른에서 초빙하여 의욕적으로 맥주를 만들어나갔다. 그리고 1842년 11월 11일, 첫 번째 필스너 맥주가 세상에 모습을 드러냈다.

플젠 지방의 맑은 물과 페일 맥아, 그리고 체코 자텍Žatec 지방의 특산 사츠Saaz 홉으로 빚어진 필스너 맥주는 맛과 향 면에서 훌륭했지만, 무엇보다도 이전까지의 그 어떤 맥주에서도 찾아볼 수 없었던 투명한 황금빛을 가지고 있었다. 이 매혹적인 맥주는 이내 전 유럽에서 선풍적인 인기를 끌게 되었다.

황금빛 맥주들이 인기를 끌게 된 데에는 유리잔의 대중화도 한몫했다. 19세기 들어 유리제품의 대량생산이 가능해지고, 유리제품에 부과하던 세금이 낮아지면서 유리잔 가격은 합리적인 수준으로 내려갔다. 펍에서도 도자기나 주석잔 대신 점차 유리잔을 들여놓기 시작하면서 투명한 유리잔과 황금빛 맥주라는 시너지 효과를 일으켰다.

유럽의 수많은 펍들과 양조장들이 필스너와 같은 황금빛 맥주를 찾는 소비자들로 북새통을 이루었고, 이들 양조장들은 살아남기 위해 필스너와 유사한 황금빛 맥주를 양조하기 시작했다. 그렇게 황금빛 맥주는 주류가 되었고 그 여파는 오늘날 동네 편의점 주류 코너에도 고스란히 남아

체코에서 생산된 다양한 옛 필스너들. 필스너의 상업적 성공은 곧 황금빛 라거를 맥주의 대명사로 만들어 놓았다.

있다. 체코의 한 양조장에서 만들어낸 맥주가 결국 맥주에 대해 떠올리는 이미지를 바꾼 것이다.

칼스버그와 파스퇴르 이야기

19세기에는 오늘날 우리가 아는 맥주의 원형인 황금빛 맥주가 탄생한 시기이기도 하지만 맥주의 짧은 보관 기간이라는 근본적인 고민이 해결된 시기이기도 하다. 높은 도수 덕분에 오래 보관할 수 있었던 위스키나 럼주와 같은 증류주와 달리, 도수가 낮은 맥주는 효모가 계속해서 활동하는 한 안정적인 맛을 담보할 수 없었다. 거주지 근처에서 마시기 위해 만들어지는 맥주와 달리, 장거리 운송을 위해 양조 되는 맥주들은 홉의 강도를 강하게 하거나 도수를 높이는 방법으로 이 문제에 대응해야 했다.

이러한 문제를 해결한 인물은 우리에게 세균학의 아버지로 잘 알려진 프랑스의 미생물학자 루이 파스퇴르Louis Pasteur(1822~1895)였다. 그는 불치병으로 취급되었던 광견병 백신을 개발하고 생물의 자연발생설 논란에 종지부를 찍는 등 세균학과 미생물학에 눈부신 업적을 남겼다. 하지만 그가 맥주의 역사에 있어 남긴 업적, 즉 저온살균법pasteurization 개발은 의외로 맥주 애호가조차 간과한다.

파스퇴르는 인류가 경험으로만 알고 있었던 발효 현상을 과학적으로 규명한 최초의 사람이었다. 물론 효모의 존재는 그보다 앞선 1700년대, 네덜란드의 레벤후크가 현미경을 발견한 이후 알려져 있었고 그것이 발효에 관여한다는 사실 역시 양조업자들의 경험으로 오래전부터 알고 있었다. 하지만 효모가 어떻게 해서 포도즙이나 맥아즙을 와인과 맥주로 변화시키는지에 대한 화학적인 메커니즘을 밝혀낸 것은 파스퇴르의 공이었다. 그는 여기서 한발 더 나아가, 맥주의 풍미를 유지하면서도 장기간 보관할 수 있도록 해주는 살균 방법을 연구했다. 이 과정에서 그는 영국과 네덜란드의 맥주 양조업계와 긴밀히 협력했는데, 특히 네덜란드의 칼스버그 양조장은 파스퇴르를 초빙해 연구소까지 지어 주며 극진히 대접했다.

비록 파스퇴르 자신은 맥주를 즐기지 않았지만, 양조업계와의 협업으로 50도 내외 온도로 장기간 가열하는 방법으로도 대부분의 유해한 미생물들을 제거할 수 있다는 사실을 발견해냈다. 이렇게 그는 저온살균법을 최초로 고안한 사람이 되었으며, 칼스버그 양조장은 이 기술을 공개해 많은 양조업자들이 이 방법을 이용할 수 있도록 했다.

저온살균법 개발은 약간의 풍미를 양보하는 대가로 이전과는 비교할 수 없을 정도로 길어진 보관 기간을 가져다주었다. 이제 맥주회사들은 일부러 장기 보관용 맥주를 따로 생산할 필요 없이, 전 세계 어디든지 맥주를 수출할 수 있게 된 것이다. 오늘날 파스퇴르의 흔적은 맥주 산업 곳곳에 남아 있다. 맥주 저온살균법이라는 단어나 하면발효에 쓰이는 라거 효모의 학명인 사카로마이세스 파스토리아누스Saccharomyces pastorianus는 맥주 산업에 기여한 파스퇴르의 공을 기려 그의 이름을 따서 붙여졌다.

20세기의 맥주:
새로운 맥주의 바람

대항해시대 이래 시작된 유럽인들의 해외 진출 시대에도 오랫동안 맥주의 중심지는 유럽이었다. 스페인, 포르투갈 등 초창기 식민지 경영을 이끌었던 주체는 대체적으로 맥주 문화권과는 거리가 먼 지중해 연안 국가들이었고, 이들이 진출한 동남아시아와 남미, 인도 지역도 맥주 생산에 적합한 기후가 아니었기 때문이다. 하지만 시간이 지나 영국과 독일의 해외 진출이 늘어나면서 맥주 문화는 유럽을 넘어 전 세계에 퍼지기 시작했다. 특히 광활한 대륙 미국에서 시작된 20세기의 맥주 역사에 주목할 필요가 있다.

맥주로 미국을 지배한 '맥주 남작'

8년간의 전쟁 끝에 1783년 영국으로부터 독립한 미국은 광활한 대륙을 개척할 인구를 확보하기 위해 관용적인 이민정책을 펼쳤다. 남북전쟁을 거친 이후 미국은 더욱더 빠르게 성장했고 19세기 후반이 되어서는 대서양 연안부터 태평양 연안까지를 아우르는 거대한 영토를 가진 국가가 되어 있었다. 때맞춰 철도, 냉장기술, 저온살균 등 맥주의 장거리 운송에 필요한 모든 기술이 개발되면서 한 공장에서 만들어진 맥주가 미국 전 지역에 유통될 수 있는 기반이 마련되었다.

마침 1800년대 초반 이후, 의학 기술의 발달로 유럽의 인구가 급속도로 늘어남에 따라 수많은 이민자가 미국으로 이주했다. 그중에서 가장 큰 인구 집단은 바로 독일인이었다. 당시 통일되지 않은 채 수많은 소국으로 나뉘어 있던 독일은 경제적으로는 프랑스나 영국보다 빈곤한 축에 속했다. 일자리와 살 땅을 찾는 수많은 독일인들이 자연스럽게 미국에 자리를 잡았다. 독일인이 미국에 전파한 문화적 요소로는 크리스마스 기념, 핫도그, 유치원 등을 들 수 있지만 가장 중요한 것은 역시 맥주 문화라고 할 수 있다.

독일계 주민들 중 몇몇은 맥주를 비즈니스 수단으로 활용하고자 했다. 이러한 생각을 가졌던 인물로 프레드릭 팹스트Frederick Pabst, 조셉 슐리츠Joseph Schlitz, 아돌푸스 부시Adolphus Busch, 프레드릭 밀러Frederick Miller 등이 있고 이들은 각각 팹스트(1844), 슐리츠(1849), 안호이저-부시(1852), 밀러(1855) 등 오늘날 잘 알려진 맥주회사들의 창업자가 되었다. 이렇게 만들어진 독일계 맥주회사들은 대부분 오대호 인근에 자리했다. 그 일대의 기후가 독일과 비슷해 독일계 주민들이 다수 정착한 지역이기도 했고, 오대호가 있어 맥주를 만들 때 쓸 용수를 구하기도 쉬웠다. 오대호 인근의 도시 중 밀워키Milwaukee는 밀러, 슐리츠, 팹스트 등 거대 맥주회사들이 처음 자리 잡은 곳으로, 브루 시티Brew City라는 별명까지 얻었다. 밀워키는 1970년대까지 세계 최대의 맥주 생산 도시로 명성을 떨쳤으며, 오늘날에도 메이저리그 야구팀 이름을 브루어스Brewers라고 지을 정도로 맥주 산업 중심 도시로 남아 있다.

넓은 시장에서 살아남기 위해 미국의 맥주회사들은 원가 절감을 위한 다양한 전략을 활용했다. 즉, 좀 더 저렴한 곡식인 옥수수나 쌀 등의 부가물adjunct을 보리맥아와 함께 섞어 홉의 함량을 낮추는 대신 탄산의 강도를 높이는 방식으로 생산 비용을 절감한 것이다. 이렇게 태어난 맥

밀워키에 위치한 밀러 맥주 공장단지의 모습

주 아메리칸 페일 라거American Pale Lager는 대량생산 전략을 취했던 독일계 맥주회사에 큰돈을 벌게 해주었다. 부유한 독일인 맥주 사업가들을 가리켜 세간에서는 맥주 남작Beer Baron이라 부르기도 했다.

금주법, 전쟁 그리고 맥주

이러한 풍경을 고깝게 보는 사람들이 나타나기 시작했는데 이들은 바로 종교적 신념에 기반한 도덕주의자들이었다. 19세기 후반에서 20세기 초반은 산업혁명의 전성기였을 뿐만 아니라 인간의 이성을 중시하는 계몽주의가 최고조에 달한 시기이기도 했다. 무지한 대중을 지식을 통해 깨우치자는 취지의 계몽주의는 곧 사회의 온갖 부조리를 일신하자는 사회개선 운동으로 전환되었다. 이른바 진보 시대Progressive Era라 불리는 이 시기에 여성참정권, 부정부패 축출 등 수많은 사회운동이 일어났는데 그중에는 주류 판매 금지를 주장하는 금주 운동도 포함되어 있었다.

금주 운동 단체들은 금주를 교칙으로 삼는 개신교 단체들과 여성단체 등으로 구성되어 있었다. 이들의 주장은 간단했다. 술을 마시지 않으면 가정폭력이나 나태, 건강 악화와 같은 사회악이 사라진다는 것이었다. 이들은 주로 도수가 높은 증류주(위스키, 브랜디 등)를 주요 타깃으로 삼았지만 맥주 역시 알코올이 함유되었다는 이유로 금지의 대상으로 삼았다. 당시 미국의 주류 사회를 차지하고 있었던 백인 개신교도들과 여성들은 이 주장에 지지를 보냈고 1910년대가 되면서 많은 주에서 금주법을 시행하게 됐다. 그리고 이는 수정헌법 18조와 볼스테드 법Volstead Act에 기반

금주법 시행 전날 밤 촬영된 뉴욕의 한 술집

한 금주법으로 확대되었다. 결국 1920년부터 미국 전역에서 알코올 도수 0.5%를 넘는 모든 음료의 판매가 금지되었다.

많은 이들이 알다시피 금주법은 실패로 끝났다. 음지에서의 수요를 충당하기 위한 밀주 사업이 번성했고 이권을 노린 마피아들이 이 시기에 급성장했다. 술로 인한 폐해는 분명 존재했지만 착실하게 생활하는 많은 일반인들에게 술은 필요한 기호식품이었던 것이다. 또한 정부의 한정된 인원으로는 전국에서 일어나는 불법 양조를 단속할 여력도 안 됐고, 덤으로 주세를 거두지 못하면서 재정 문제를 떠안게 되었다. 1929년 미국을 덮친 대공황 이후 정부의 세수가 더욱 감소하자, 미국 정부는 금주법을 유지할 수 없었다. 결국 프랭클린 루즈벨트Franklin Roosevelt가 대통령으로 당선된 1933년, 많은 미국인의 환호 속에 금주법은 폐지되고 말았다.

맥주 역사에 있어 금주법 시대는 암울한 시기였다. 이 시기 어느 정도 규모가 있었던 안호이저-부시, 밀러 등의 회사들은 사업 다각화를 통해 생존을 모색했다. 조금이라도 맥주와 비슷한 느낌을 주기 위해 탄생한 최초의 무알코올 맥주인 니어 비어Near Beer가 이 시기 등장했고, 맥주 생산 설비를 이용해 유제품을 생산하거나 유리잔 등을 직접 만들기도 했다. 하지만 그 이외의 수많은 지역의 영세한 맥주 양조장들은 파산하거나 거대 맥주 기업에 합병당할 수밖에 없었다. 양조 기술자들은 졸지에 실업자가 되었고 맥주 설비는 고철로 팔려나갔다. 금주법은 13년 만에 폐지되었지만 그 사이 미국의 맥주 산업 생태계는 철저히 파괴되었다. 그 넓은 영토에 걸맞은 다양성을 오랫동안 회복하지 못했을뿐더러 오히려 그 시기 동안 살아남은 몇몇 거대 맥주회사들의 독과점 체제를 강화해주었다.

한편 유럽에서는 두 차례의 세계대전으로 인해 맥주 산업이 마비되다시피 했다. 이전의 전쟁과 달리 국가의 모든 역량을 짜내어 치르는 총력전의 양상을 띠게 된 두 차례의 세계대전은 군인은 물론이고 후방의 민간인들에게도 온갖 폭격과 물품 부족, 생산시설 징발 등으로 인한 큰 고통을 안겨주었다. 이 과정에서 영국과 벨기에, 독일의 많은 맥주 양조장들은 파괴되거나 가동을 멈추었다. 빵 한 조각이 아쉬운 분위기 속에서 맥주는 사치였던 것이다.

전쟁과 맥주에 관한 짧은 에피소드

세계대전이라는 인류사의 비극 속에서도 인간은 항상 인간성을 찾기 위해 노력했고 가끔씩은 그 결실을 얻을 수 있었다. 가장 유명한 일화는 1차 세계대전 초창기에 있었던, 연합군과 독일군 사이의 크리스마스 휴전일 것이다. 1914년 크리스마스이브 저녁, 벨기에 플랑드르 지방에서 영국-프랑스 연합군과 독일군은 참호를 사이에 두고 대치하고 있었다. 그러다 저녁 미사를 보던 중, 양측 병사들은 상대방의 캐럴을 따라 부르게 되었고 자연스럽게 병사들 간의 조우가 시작되었다. 이후 장교들 간의 합의에 따라 크리스마스를 포함한 며칠간의 휴전이 시작되었는데, 이때 양측 병사들은 인근 지방의 맥주를 가져와서 함께 나누어 마시며 친선 축구경기를 벌였다고 전해진다. 2009년 이를 재현한 친선 행사에서는 당시 독일 병사들의 출신 지역이 작센주였다는 점에 착안, 작센주의 라거 전문 제조회사인 라데베르거가 맥주를 협찬했다.

한편 2차 세계대전의 영국군의 일화는 인간이 맥주 앞에서 어디까지 똑똑해질 수 있는지를 잘 보여준다. 2차 세계대전 동안 유보트의 위협 속에서 영국군은 항상 보급 부족에 시달렸다. 그런 상황 속에서 기호식품이었던 맥주는 상대적으로 우선순위에서 밀렸다. 하지만 병사들과 장교들은 맥주를 마시기 위해서는 무슨 짓이든 할 준비가 되어 있었다. 가령 1944년 노르망디 상륙작전 직후 영국군이 프랑스에 상륙하던 시기, 제대로 된 하역시설이 없었던 노르망디에 맥주를 공수하기 위해 영국군 조종사들은 전투기 연료탱크를 개조해 맥주 탱크를 달고 직접 비행했다. 기록에 따르면 연료탱크를 날개에 매달고 착륙할 때 비행장의 모든 장병이 몰려나와 착륙 장면을 지켜봤고 착륙을 험하게 했을 경우 조종사는 야유를 들어야 했다고 한다.

크래프트 맥주 운동의 시작

2차 세계대전이 종결된 1950년대부터 1960년대 초중반까지 서구 사회는 제국주의 시절의 전성기를 연상하게 할 정도로 경제 호황을 누렸다. 미국의 자금지원으로 서유럽을 포함한 자유 진영의 여러 국가들은 경제 부흥의 궤도에 올라서게 되었다.

그들에게 미국은 군사적으로는 공산주의로부터 자신들을 지켜줄 수호천사였고, 경제적으로는 폐허가 된 자국을 원조와 차관으로 부흥시켜 줄 키다리 아저씨였다. 이러한 친미적인 분위기 속에서 미국과 협력 관계를 맺은 많은 나라가 미국의 문화 요소들을 받아들이게 된다. 그중에는 미국식 맥주, 즉 금주령과 대공황 속에서 살아남은 대형 맥주회사들이 만든 미국식 부가물 맥주 역시 포함되어 있었다.

전후 전 세계에 퍼져나간 할리우드 영화 속 미국인 배우들, 해외로 파견된 미군들과 주재원들이 시원한 맥주를 꺼내 병째로 벌컥벌컥 들이키는 모습은 어디서나 쉽게 볼 수 있는 광경이었다. 이제 미국의 맥주는 더 이상 단순한 알코올음료가 아니라 자유롭고 활기차면서도 부유한 미국의 이미지와 부합하는 하나의 상징으로 자리 잡게 되었다. 하지만 그 종류는 어디까지나 미국식 페일 라거라 불리는 부가물 맥주 위주로 구성되어 있었다.

맥주사에 있어 어두웠던 이 시기, 미국에서는 새로운 맥주에 대한 가능성을 타진하는 사건들이 일어나고 있었다. 그 첫 단계는 바로 1965년의 '앵커 브루어리 인수 사건'이다. 대형 가전제품 그룹 메이택

Maytag의 후계자였던 프리츠 메이택Fritz Maytag은 1896년 문을 열고 폐업을 눈앞에 둔 샌프란시스코의 앵커 브루어리를 인수해 색다른 방식의 맥주 사업을 시작했다. 당시 미국에 남아 있었던 맥주회사의 대부분은 미국식 부가물 맥주를 주력으로 생산하는 대기업뿐이었는데, 여러 종류의 맥주를 생산하며 생산부터 유통까지 모든 것을 손수 수행하는 프리츠의 행동은 당시 업계에서는 기행에 가까운 일이었다. 그럼에도 그는 계속해서 자신의 방식을 밀고나갔고, 장기적으로는 1세대 크래프트 맥주 사업을 시작할 사람들에게 영감을 안겨주었다.

이 시기 크래프트 맥주와 관련해 주목해야 할 두 사람이 있는데 바로 뉴 알비온 브루잉 컴퍼니를 창립한 잭 매콜리프Jack McAuliffe와 시에라 네바다 브루잉 컴퍼니를 창립한 켄 그로스먼Ken Grossman이다. 1976년

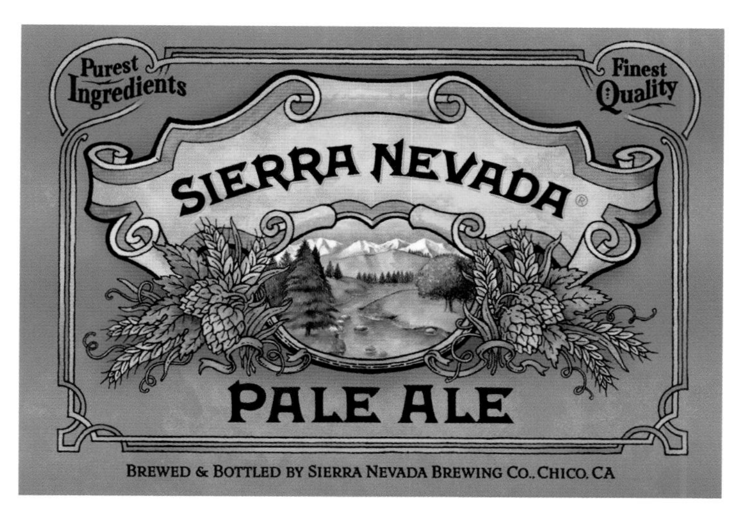

시에라 네바다 페일 에일. 1980년 출시되어 지금까지 40여 년 간 생산되어 크래프트 맥주에서 있어서는 기념비적인 평가를 받고 있다.

창립한 뉴 알비온은 오늘날 미국 와인의 본산으로 유명한 나파밸리 인근 소노마에서 새로운 맥주를 만들기 위해 고군분투했으나 결국 6년 만에 문을 닫고 말았다. 이러한 뉴 알비온의 도전에 감명받은 이들 중에는 켄 그로스먼이라는 전직 자전거 가게 주인도 포함되어 있었다. 그는 자기 가게 단골인 폴 카무시와 2년여간 준비한 끝에 1980년, 치코라는 도시에 시에라 네바다 브루잉 컴퍼니를 열었다. 시에라 네바다라는 이름은 그가 즐겨 등산하던 산맥의 이름을 딴 것이다. 브루어리의 초창기 설비는 중고 낙농설비를 개조하거나 폐업한 유럽의 양조설비를 가져오는 방식이라 열악했다. 하지만 그 와중에도 성장을 이어갔고 10배럴 규모로 시작해 오늘날 직원 수 1,000명에 연간 생산량 120만배럴 규모의 회사로 성장하게 됐다.

시에라 네바다 브루잉 컴퍼니의 성공은 새로운 맥주를 만들기 위해 시작한 미국인들의 도전이 이루어낸 첫 번째 결실이었다. 그리고 이 현상은 기존의 맥주 맛에 의문을 품던 수많은 후배 브루어들에게 영감을 주어 1세대 소규모 양조장들이 본격적으로 미국에 들어서는 신호탄이 되었다. 특히 1988년에는 미국 전역에 56곳의 브루어리가 동시에 생겨났는데, 이를 맥주계에서는 '88년 세대Class of 88'라 부른다. 오늘날 한국의 마트 매대에서도 자주 보이는 구스 아일랜드, 브루클린, 로그 에일즈, 고든 비어쉬 등이 바로 이 치열했던 88년 세대에 태어나 현재까지 살아남은 브루어리다.

1세대 브루어리들이 자리를 잡으면서 크래프트 맥주는 취미와 부업 사이의 모호한 업종이 아닌, 엄연한 성장 산업의 형태를 갖추기 시작했다. 하지만 크래프트 맥주 산업이 살아남기 위해서는 이미 맥주 시장을 장악하고 있던 버드와이저, 밀러 등 대형 맥주회사의 점유율에 도전해야

만 했다. 이에 1세대 브루어리들과 90년대에 설립된 2세대 브루어리들은 소규모 양조장 간의 정보 공유를 도모하는 한편 유통망 확충을 위해 양조가 협회Brewer's Association를 설립했다. 이 과정에서 브루어리들은 이윤 추구보다 맛 좋은 맥주 생산에 힘쓰고, 지역 사회와 동종업계 종사자들을 돕는 등의 나름의 상도덕을 구축해나갔다.

2000년대 이후 미국 크래프트 맥주의 변화

크래프트 맥주는 천편일률적인 맥주의 대안이자, 젊은 현대인들이 자신의 개성을 발견할 수 있는 새로운 창구로 떠올랐다. 그리고 1990년대 후반에서 2000년대 초반에 들어서면서 충분히 제 목소리를 낼 수 있을 정도로 성장하게 되었다. 특히 공격적인 경영과 해외 진출 등을 통해 규모를 꾸준히 늘려온 시에라 네바다, 보스턴 비어 컴퍼니 등은 2010년대가 되면서 여느 대형 맥주회사들과 어깨를 나란히 할 만큼의 규모로 성장했다. 이는 여태껏 크래프트 맥주를 간과했던 기존 업체에도 일종의 경각심을 심어주게 되었다.

미국의 여러 성공적인 창업기업들과 이들이 도전하는 기존 대기업들의 관계가 그러하듯, 평판이 좋은 소규모 양조장은 곧 대형 맥주회사들의 인수합병 대상이 되었다. 미리 경쟁자의 싹을 자른다거나, 크래프트 맥주의 가능성에 공감한다거나 등등 이유는 다양하겠지만, 어떤 동기에서건 대기업 입장에서 자체 연구부서를 만들고 신규 양조장 설립을 위한 신규투자로 크래프트 맥주를 만드는 일보다 인수합병이 훨씬 쉬운 선택이었을 것이다.

그 결과, 오늘날 우리가 매대에서 발견하는 많은 크래프트 맥주들은 알고 보면 그 소유주나 대주주가 유명 맥주 대기업인 경우가 많다. 대표적인 1세대 브루어리였던 구스 아일랜드는 다국적 맥주 기업인 안호이저 부시-인베브ABI에 인수되었고, 하와이 콘셉트의 크래프트 맥주를 만드는 코나 브루잉 컴퍼니 역시 안호이저 부시-인베브가 약 1/3의 주식을 보유한 크래프트 브루 얼라이언스에 2010년 인수되었다. 많은 미국인들이 벨지안 화이트의 대명사로 꼽는 **블루문**을 생산하는 블루문 브루잉 컴퍼니 역시 안호이저 부시와 쌍벽을 이루는 전통 맥주 기업 밀러쿠어스의 소유다(미국 맥주인 밀러와 쿠어스를 생산하는 그 기업 맞다!). 2015년에는 생선이 그려진 라벨로 유명한 밸러스트 포인트 역시 **코로나**Corona를 생산하는 콘스틸레이션에 1조원이 넘는 금액에 매각되었다.

이들 맥주회사들은 적어도 풍미에 있어(아직까지는) 크래프트 맥주 분위기를 풍기고 있다. 그러나 맥주 마니아들 사이에서 '크래프트 맥주의 탈을 쓴 대기업 맥주'에 대한 논란이 일어나고 있는 것 또한 사실이다. 지역 사회와 공존하며, 이윤 추구와 타협하지 않았던 초창기 크래프트 맥주의 면모를 잃어버릴 뿐만 아니라, 결국 크래프트 맥주가 극복하고자 했던 거대 맥주 기업들의 과점 체제를 더 강화시켜주기 때문이다. 그래서 미국 크래프트 맥주 업계의 대표적인 이익단체인 양조가 협회BA를 중심으로, 정신적 가치를 중시하는 크래프트 브루어에 대한 정의를 "Small, independent and traditional"이라고 내림으로써 단순히 크래프트 맥주를 생산하는 대기업 맥주들을 크래프트 맥주 산업 통계치에서 제외하고 있다.

2010년 후반대에 들어 크래프트 맥주의 세계는 더욱 복잡해지고 빠르게 변화하고 있다. SNS를 통해 전 세계가 정보를 빠르게 공유하고 업무를 처리할 수 있게 된 지금, 좋은 물이 나는 곳에 터를 잡고 양조설비를 설치하는 방식으로 맥주를 만드는 전통적인 양조산업과는 판이한 새로운 경향이 나타나게 된 것이다. 이른바 집시 브루잉Gypsy Brewing, 또는 노마드 브루잉Nomad Brewing이라 불리는 3세대 브루어리들이 바로 그것인데, **미켈러**Mikkeller, **투올**To Øl 등이 이에 속한다.

이들은 자체 양조장을 운영하지 않는 대신, 레시피만을 판매하거나 위탁하여 타 양조장에서 자신들의 라벨을 단 맥주를 생산하고 판매한다. 이러한 방식은 유통업체들이 자신들의 상표가 붙은 PB상품을 기획할 때 즐겨 사용하던 방식이라 완전히 새로운 방식은 아니다. 그러나 다품종 소량생산이 미덕일 수 있는 크래프트 맥주 특성상 집시 브루잉은 거대한 설비를 갖추지 않고도 실험적인 맥주를 생산할 수 있다는 점에서 진입장벽을 낮추고 크래프트 맥주의 다양성에 기여하고 있다.

한국 맥주 간략사

대한제국 시기 신문에 게재된 에비스 맥주 광고. 대한제국 궁내부와 일본 궁내성에서 어용御用으로 사용된 맥주라는 문구가 눈길을 끈다.

지금까지 간단하게 맥주의 역사를 살펴보았다. 그렇다면 한국에서 맥주는 어떠한 길을 걸어왔을까? 수메르와 고대 이집트 시대까지 거슬러 올라가는 방식으로 살펴보자면 한반도에도 보리를 이용한 술이 양조되어 왔다. 사실 보리술이라는 뜻의 맥주麥酒라는 표현 자체는 《조선왕조실록》에도 등장한다. 하지만 근대적인 의미에서의 맥주가 조선에 소개된 것은 일본과 강화도 조약을 맺고 개항을 하고 나서부터였다. 가장 먼저 조선에 진출한 맥주는 일본인 조계지를 중심으로 퍼져나간 **삿포로**Sapporo, **에비스**Yebisu, **기린**Kirin 맥주였다.

당시 일본 문화에 대한 거부감을 가지고 있었던 조선인들이 이제껏 마셔보지 못한 독특한 생김새와 풍미를 가진 맥주에 대해 어떤 반응을 보였는지는 알 수 없다. 다만 당시 일본 맥주 브루어리Japan Beer Brewery Co.라는 이름을 썼던 에비스 엑스포트 맥주를 대한제국의 궁내부에서 사용했음을 홍보하는 광고가 신문에 실린 것으로 보아, 적어도 도시의 식자층에게는 인지도가 있었을 듯싶다.

당시만 해도 맥주는 사치재였지만 경술국치 이후 조선으로 점차 많은 일본인이 이주하게 되면서 맥주에 대한 수요는 꾸준히 증가했다. 1930년대에 이르자 단순히 수입만으로는 맥주에 대한 수요를 감당할 수 없게 되었다. 그러자 조선에 가장 먼저 진출했던 삿포로와 기린이 1933년 영등포에 각각 조선맥주, 쇼와기린맥주(1948년 동양맥주로 개명)를 설립하면서 한국 최초의 맥주 공장이 문을 열게 되었다. 이들 공장은 광복 후인 1951년에 적산 기업 불하 절차에 따라 민간 소유가 되었는데, 1990년대 들어 조선맥주는 자사 대표상품의 이름을 따서 하이트맥주로 이름을 바꾸게 되고, 동양맥주는 자사 명칭의 이니셜인 OBOriental Beer를 회사 명칭으로 삼아 오늘날에 이르게 된다. 이들 맥주회사는 한국 맥주 업계를 양분하며 약 50여 년간 양강체제를 이어가게 된다.

이러한 체제에 변화의 기미가 생기게 된 것은 2000년대 초반이 되어서부터였다. 2002년 소규모 맥주 제조자 면허가 신설되고, IMF 이후 창업 열풍이 불면서 국내에는 직접 양조한 맥주를 안주와 함께 판매하는 하우스 맥주가 창업 아이템으로 떠오르기 시작했다. 오늘날 브루펍brew pub의 개념과 흡사한 하우스 맥주는 대개 독일풍의 상호와 인테리어를 하고, 독일식 맥주 위주로 생산, 판매하는 형태로 운영되었다. 하지만 소규모 맥주 양조의 특성상 일정하기 어려운 품질관리와 매장 바깥에서의 하우스 맥주 판매가 법으로 금지된 상황에서 성장은 불가능에 가까웠다. 이 시기 창업한 하우스 맥주들 중 상당수가 폐업하거나 평범한 생맥줏집으로 업종을 전환했지만, 개중에는 끝까지 살아남아 오늘날까지 크래프트 맥주를 생산하는 브루어리로 변신한 경우도 많다.

이후 창업 장려와 영세업체에 대한 지원 차원에서 세금부담 등을 경감하는 조치는 있었지만 크래프트 맥주 업계의 발목을 잡아 오던 규제들이 본격적으로 폐지된 것은 2010년 중반에 들어서면서부터였다. 특히 소규모 맥주 제조업자들에게는 오랜 숙원이었던 맥주 외부 유통과 병입 판매는 2014년과 2016년의 주세법 개정으로 허용되었다. 2010년대 초반부터 이태원 경리단길에서 외국인들을 중심으로 운영되던 크래프트웍스와 맥파이 등의 브루펍, 그리고 2011년, 건국 이래 세 번째(첫 번째와 두 번째는 우리가 알고 있는 그 회사들이 맞다)로 맥주 제조 일반면허를 획득한 세븐브로이를 필두로 한국의 맥주시장은 크래프트 맥주 시대를 맞이하게 되었다.

오랫동안 계속되던 맥주 업계의 양강구도가 해체되기 시작한 2011년을 기점으로 약 7~8년의 세월이 흐른 지금, 한국 크래프트 맥주 업계는 급속한 성장을 이루어냈다. 현재 운영되고 있는 한국의 수제 맥주 브루어리는 80곳을 돌파해 100곳을 향해 늘어나고 있는 추세며, 바이젠, 둔켈 등의 독일식 맥주 일변도였던 2000년대 초와는 달리 미국과 벨기에 등의 맥주 스타일이 대거 유입되면서 이제 한국 펍에서도 여느 나라 부럽지 않게 다양한 종류의 맥주를 마실 수 있는 시대가 왔다. 그뿐만 아니라 2018년 4월부터 주세법 시행령이 개정되면서 편의점과 같은 소매점에도 소규모 맥주 제조사들이 자신들이 만든 맥주를 팔 수 있는 길이 열렸다. 이제 대형마트뿐만 아니라 동네 슈퍼, 편의점, 더 나아가 전통시장에서도 그 지역에서 만든 크래프트 맥주를 접할 수 있게 된 것이다.

맥주 덕후의 소소한 훈장, 맥주 자격증

공인 '맥덕'(맥주 덕후)의 첫걸음

사회가 복잡해지고 다양한 직업이 출현하면서 자격증 역시 다양해지고 있다. 맥주 업계 역시 이러한 추세를 반영하듯 일반인들이 접근할 수 있는 자격증이 생겨나고 있다. 즉 과거에는 단순히 맥주를 만드는 과정에 대한 자격증만이 있었다면 오늘날에는 맥주를 좋아하는 사람이라면 누구든지 도전해볼 수 있는 맥주 자격증이 생긴 것이다. 물론 실제 맥주 산업계에서는 자격증 소지 여부보다 주요 맥주 관련 학과의 학위 취득 여부나 현실적인 경력사항을 더욱 중시하는 경향이 많다. 그럼에도 불구하고 취미의 차원에서의 맥주 자격증은 자신의 맥주 '덕력'을 한 단계 끌어올릴 수 있는 좋은 도전 과제라고 할 수 있다.

한국의 맥주 마니아들 사이에서 어느 정도 인지도가 있다고 여겨지는 자격시험은 크게 세 가지 정도로 요약될 수 있다.

비어소믈리에 월드챔피언십을 주최하는 기관인 독일의 되멘스Doemens 아카데미에서 운영하는 비어소믈리에Biersommelier 자격증은 각종 세미나, 맥주 시음 과정, 중간 및 최종 시험 등으로 이루어져 있고 비어소믈리에 월드챔피언십의 참가를 위한 디플롬 비어소믈리에Diplom-Biersommelier 자격을 취득하기 전에 꼭 가져야 하는 자격증이다.

또한 1985년 창립한 이래 각종 맥주 관련 경연대회에서 맥주 심사규격을 제공하는 등 가장 공신력 있는 맥주 관련 단체 중 하나인 미국의 BJCPBeer Judge Certification Program에서는 맥주 심사관 시험Beer Judge Exam을 운영하고 있다. 온라인 시험, 테이스팅 및 에세이 시험까지 총 3단계로 이루어져 있으며, 이 과정을 통과하면 BJCP에서 맥주 심사위원으로 활동할 수 있는 자격이 주어진다.

마지막으로 미국의 시서론 자격 프로그램Cicerone Certification Program에서 운영하는 자격시험들이 있다. 시서론은 맥주를 선택하고 서빙하는 등 맥주를 상업적으로 다루는 전문가 양성 교육과정을 운영하는 기관으로 2007년 창립했다. 타 교육기관과 달리 난이도별로 4종의 다양한 레벨의 자격증 취득 과정을 보유하고 있다. 가장 쉬운 1단계는 전 세계에 11만 명 가량이 보유하고 있을 정도이지만, 최고 단계인 마스터 시서론Master Cicerone 자격은 2019년 4월 기준으로 전 세계에서 단 18명만이 보유하고 있을 정도로 난이도의 편차가 크다.

시서론 공인 비어 서버 자격증 취득하기

여러 종류 자격증 가운데 맥덕으로 거듭나고 싶어 하는 사람이 가장 먼저 목표로 삼을 만한 자격증은 바로 시서론 자격 프로그램 1단계인 공인 비어 서버Certified Beer Server 자격시험이다. 줄여서 CBS라고도 불리는 이 자격을 초보자에게 추천하는 이유가 몇 가지 있다. 우선 주요 시험 범위가 맥주의 주요 스타일, 맥주잔의 관리 및 서빙 방법 등 맥주를 좋아하는 사람들에게 실제로 유용한 정보들로 구성되어 있다. 그리고 수십만 원에서 많게는 수백만 원을 호가하는 다른 맥주 관련 교육 프로그램보다 응시료가 저렴하고, 조금만 부지런하다면 독학으로도 딸 수 있는 맥주 자격증이기도 하다. 무엇보다 실기시험 등이 포함된 다른 자격시험에 비해 시험 접수부터 응시에 이르는 전 과정이 인터넷으로 가능해 손쉽게 응시할 수 있다.

응시 절차

① **계정 만들기:** 시서론 홈페이지(http://www.cicerone.org)에 접속해 Create Account를 눌러 계정을 만든다. 이름, 메일 주소와 추후 합격 후 배지를 수령할 주소를 입력해야 한다.

② **시험 접수 및 결제하기:** 회원 가입 후 홈페이지 오른쪽 위 My Account 메뉴에서 Certified Beer Server 시험을 신청할 수 있다. 인터넷 기반 시험으로 상시 접수가 가능하고 시험 언어는 영어와 한국어 모두 응시가 가능하다. 참고로 응시료는 $69(USD)이다.

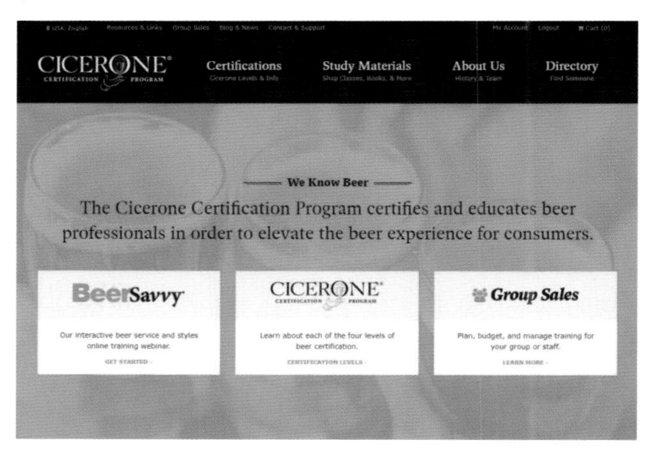

시서론 홈페이지

③ **모의고사 응시:** 응시하기 전, 실제 시험 양식과 비슷한 10문제 모의고사에 합격해야 본시험에 응시할 수 있다. 시서론의 주요 자격시험 제도 등 시서론 홈페이지 방문객이라면 누구나 맞출 수 있는 문제들로 난이도는 어렵지 않다.

④ **본시험 응시:** 모의고사에 합격하면 본시험에 응시할 수 있는 버튼이 활성화된다. 시험은 30분 동안 객관식 60문제를 푸는 방식으로, 합격조건은 75%(45문제) 이상을 맞추는 것이다.

⑤ **합격증 출력 및 배지 수령:** 시험지 제출 즉시 채점해 합격/불합격 여부가 통보된다. 합격자는 시서론 홈페이지의 Directory에 등재되며, 온라인으로 자격증 파일을 다운받을 수 있다. 자격 배지와 셔츠에 붙일 수 있는 패치는 가입 시 작성한 주소로 배달되며, 필요할 땐 추가로 구매할 수도 있다.

※ 주의사항

- 시서론 자격시험의 응시료는 환불이 불가능하지만, 시험범위나 언어 변경은 가능하다.
- 응시 기회는 단 2회 주어지며, 2번 모두 불합격할 경우 응시 신청을 새로 해야 하고 응시료 역시 다시 납부해야 한다.

응시범위 및 준비요령

시서론의 맥주 교육과정에서 공식적으로 추천되는 교재는 맥주 테이스팅 서적의 고전인 마이클 잭슨Michael Jackson의 《Great Beer Guide》, 랜디 모셔Randy Mosher의 《Tasting Beer》 및 시서론에서 편찬한 각종 교재들이다. 하지만 1단계에 해당하는 공인 비어 서버 시험 합격만을 목표로 한다면 시서론 홈페이지의 Resources & Links 페이지에서 무료로 제공하는 공인 비어 서버 강의요강Certified Beer Server Syllabus을 공부

공인 비어 서버 시험 합격 시 주어지는 자격증과 자격패치 및 배지

하고 시중에 판매되는 맥주 관련 입문 서적을 읽는 것만으로도 충분하다. 공인 비어 서버 시험의 주요 시험 범위는 다음과 같다.

1. **맥주 서빙에 대한 상식:** 실제 펍에서 맥주를 다루는 점원들이 익혀야 할 소양들이 출제된다. 맥주를 보관하기 좋은 온도와 보관법, 맥주잔을 씻는 절차, 펍에서 생맥주 기계를 다루는 방법과 맥주를 잔에 따르는 요령에 대한 문제들이다.

2. **맥주 관련 용어 및 풍미:** 맥주 테이스팅 시 주로 언급되는 풍미(아로마, 피니시, 마우스필 등)와 맥주의 원재료(홉, 맥아, 효모)에 관해서 출제된다. 또한 테이스팅의 기본인 홉, 맥아, 효모에서 유래하는 향미의 명칭을 각각 구별할 수 있어야 한다.

3. **맥주 스타일에 관한 문제:** 맥주의 색깔, 홉, 알코올의 강도를 알려준 뒤 이에 해당하는 맥주 스타일이 무엇인지 물어보는 문제가 출제된다. 좀 더 직접적인 힌트로서 그 맥주를 마시는 특정 시기(예: 메르첸), 고수 씨앗과 같은 특정 첨가물(예: 벨지안 화이트)을 언급하는 문제도 있다.

4. **기타:** 응시하는 언어권 국가의 주류 관련 법령에 관한 문제(음주운전 적발 기준 등)가 소수 출제되나 당락에는 큰 영향을 미치지 않는다.

FESTBIER

LAGER

STOUT

ALT

PINT

DUNKEL

PALE ALE

FESTBIER

LAGER

Weißbier.

Part 03

그냥 마시면 섭섭하지 : 맥주 스타일과 추천 맥주

맥주와 스타일 이야기

영화에 장르genre가 있다면 맥주에는 스타일style이 있다

고백하건대 5년 전, 동네 편의점들을 다니면서 구한 맥주를 무작정 들이켜기 시작했을 때 맥주에 대한 지식은 보통 사람들과 다를 바 없었다. 50종쯤 마셨을 때, 문득 외국 사이트의 맥주 애호가들은 내가 마신 맥주에 어떻게 반응했을지 궁금해지기 시작했고 처음으로 맥주에 대한 분류가 있다는 것을 알게 되었다.

맥주에는 단순히 라거와 에일과 같은 대분류가 아니라 슈바르츠비어, 페일 에일, IPA, 바이스비어 등등 수많은 종류가 있음을 알게 된 것이다. 그리고 한 가지 확신을 갖게 되었다. 영화로 치자면 '장르'에 해당하는, 맥주의 '스타일'을 이해하는 것이 곧 나만의 맥주를 찾는 첫걸음이라는 사실을 말이다.

대부분이 맥주 스타일을 라거와 에일 정도로만 구분하고 이를 바탕으로 매대에서 맥주를 고르려다 실패하는 경우를 많이 보았다. 물론 라거와 에일의 차이라는 것은 맥주 스타일에서 제일 먼저 접하게 되는 개념이지만, 이 정보만으로는 자신에게 맞는 맥주를 구하는 데 큰 도움이 되지 않는다. 마치 스킨과 로션이라는 단어만으로 내 피부에 맞는 화장품을 구매할 수 없듯이 말이다.

맥주를 마시는 것은 한 편의 영화를 보는 것과 비슷하다. 많은 사람이 포스터나 캐스팅, 예고편 등을 통해 영화에 대한 사전 정보를 접하고 그 영화에 대한 일정한 기대를 갖기 마련이다. 가령 반 디젤이 나오는 레이싱 영화에서는 멜로 장면보다는 당연히 자동차 경주 장면이 자주 나와야 하고, 마동석이 나오는 영화에서는 한번쯤 힘자랑 하는 모습을 기대하게 된다. 반면 아무리 엑스트라라 할지라도 스톰트루퍼가 나오지 않는 스타워즈는 뭔가 허전하고, 웃통을 벗고 쌍절곤을 든 제임스 본드가 나오는 007 영화는 상상할 수 없다. 마찬가지다. 여러 맥주를 마시다 보면 각 맥주에 붙은 라벨만으로도 어느 정도 맥주에 대한 기대를 하게 된다. 그리고 이를 가리켜 맥주의 '스타일'이라고 부른다.

맥주 스타일은 수십여 종에 걸쳐 세밀하게 구분되어 있다. 이러한 복잡한 맥주의 계보가 어느 날 갑자기 생겨난 것은 아니다. 많은 맥주들은 오랜 시간동안 그 장르가 탄생한 공동체에서 나름의 역사적, 지리적 맥락을 바탕으로 서서히 형성되어 왔다. 그래서 맥주의 스타일은 단지 맥주

맥주는 다양한 스타일이 있다.

의 풍미에 영향을 미치는 다양한 요소-홉, 맥아, 효모, 첨가물 등-뿐만 아니라 해당 맥주가 만들어지는 지리나 역사를 근거로 구분한다. 실제로 이러한 차원에서 쾰른의 쾰쉬, 벨기에의 람빅 등 많은 맥주가 지리적 표시제Geographical Indication를 통해 자신들의 고유한 맥주 스타일명을 타지역 브루어리들이 쓰지 못하도록 하는 경우를 쉽게 볼 수 있다. 그래서 맥주 마니아들은 비슷한 풍미를 가진 맥주더라도 고유한 지리적 정체성을 가지고 있다고 인정받는 맥주는 별개로 구분하고 있다. 가령 페일 라거의 일종인 독일의 도르트문트 엑스포트나 뮌헨 헬레스, 그리고 그 외 지역에서 만든 페일 라거는 외관과 풍미에서 큰 차이를 보이지 않지만 모두 별개의 스타일로 분류된다.

물론 맥주의 스타일 분류는 영원불멸하지 않는다. 독일식 바이스비어의 영향을 받아 미국에서 탄생한 페일 위트 에일처럼 기존 스타일의 영향을 받아 타지역에서 새로운 맥주 스타일이 등장하기도 하고, 벨지안 화이트처럼 세월의 흐름 속에서 잊혔던 스타일이 누군가의 노력으로 부활하기도 한다. 그리고 크래프트 맥주가 발달한 오늘날, 맥주 스타일에 관한 클리셰들을 혼합하는 과정에서 기성 스타일에서 벗어나면서도 훌륭한 맛을 가진 맥주들도 많아지고 있다.

맥주 스타일의 종류

전 세계 맥주 마니아들이 가장 많이 방문하는 사이트인 비어애드버킷BeerAdvocate.com에서 참고하는 Craftbeer.com의 맥주 분류표에 따르면 맥주는 크게 14개 그룹, 80여 종의 세부 스타일로 나뉜다. 하지만 최근에는 스타일 간의 장벽이 무너지고 예전보다 여러 가지 첨가물을 사용한 크래프트 맥주가 등장하면서 맥주의 스타일은 더 다양해지고 있다. 맥주 품평에 있어 가장 유력한 기관 중 하나로 손꼽히는 맥주 심사관 인증 프로그램BJCP에서 배포하는 홈 브루잉 경연용 가이드라인에서는 전 세계 맥주의 스타일을 총 34개 그룹, 120여 종의 스타일로 보고 있다. 이 책에서 다루는 맥주 분류는 BJCP와 Craftbeer.com의 분류표를 고루 참고하여 너무 복잡하지 않게, 또 너무 단순하지도 않게 정리했다.

라거	에일		와일드 에일, 하이브리드 및 기타
페일 라거 • 필스너 • 유로피언 페일 라거 • 부가물 맥주 앰버, 다크 라거 • 메르첸 • 비엔나/앰버 라거 • 슈바르츠비어, 둔켈 • 유로피언 다크 라거 • 복 비어	페일 에일, 브라운 에일 • 영국식 페일 에일/IPA • 미국식 페일 에일/IPA • 블론드 에일 • 앰버 에일 /레드 에일 • 브라운 에일 포터와 스타우트 • 포터 • 스타우트	밀맥주 • 바이스비어 • 벨지안 화이트 • 페일 위트에일 벨기에 에일 • 벨지안 블론드 • 벨지안 스트롱 • 벨지안 페일 에일 수도원 맥주	와일드 에일 • 람빅과 괴즈 • 기타 와일드 에일 하이브리드 비어 • 쾰쉬 • 알트비어 • 스팀비어 과일 맥주와 향신료 맥주

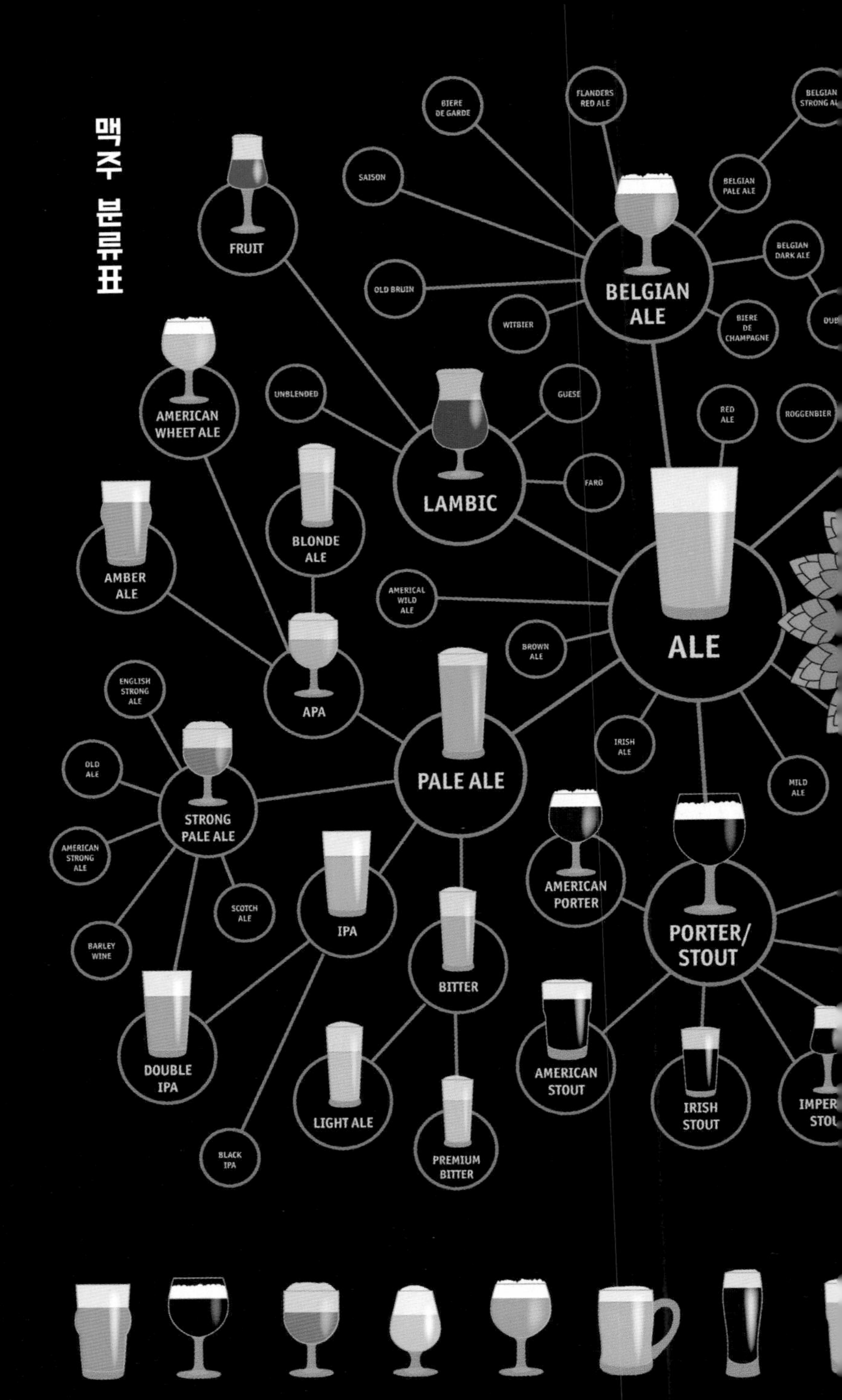

맥주 분류표
BIERE DE GARDE
FLANDERS RED ALE
SAISON
BELGIAN PALE ALE
FRUIT
BELGIAN DARK ALE
OLD BRUIN
BELGIAN ALE
WITBIER
BIERE DE CHAMPAGNE
AMERICAN WHEET ALE
UNBLENDED
GUESE
RED ALE
ROGGENBIER
LAMBIC
FARO
BLONDE ALE
AMBER ALE
AMERICAL WILD ALE
ALE
BROWN ALE
APA
ENGLISH STRONG ALE
PALE ALE
IRISH ALE
OLD ALE
MILD ALE
STRONG PALE ALE
AMERICAN STRONG ALE
AMERICAN PORTER
SCOTCH ALE
IPA
BITTER
PORTER/ STOUT
BARLEY WINE
DOUBLE IPA
AMERICAN STOUT
LIGHT ALE
IRISH STOUT
BLACK IPA
PREMIUM BITTER

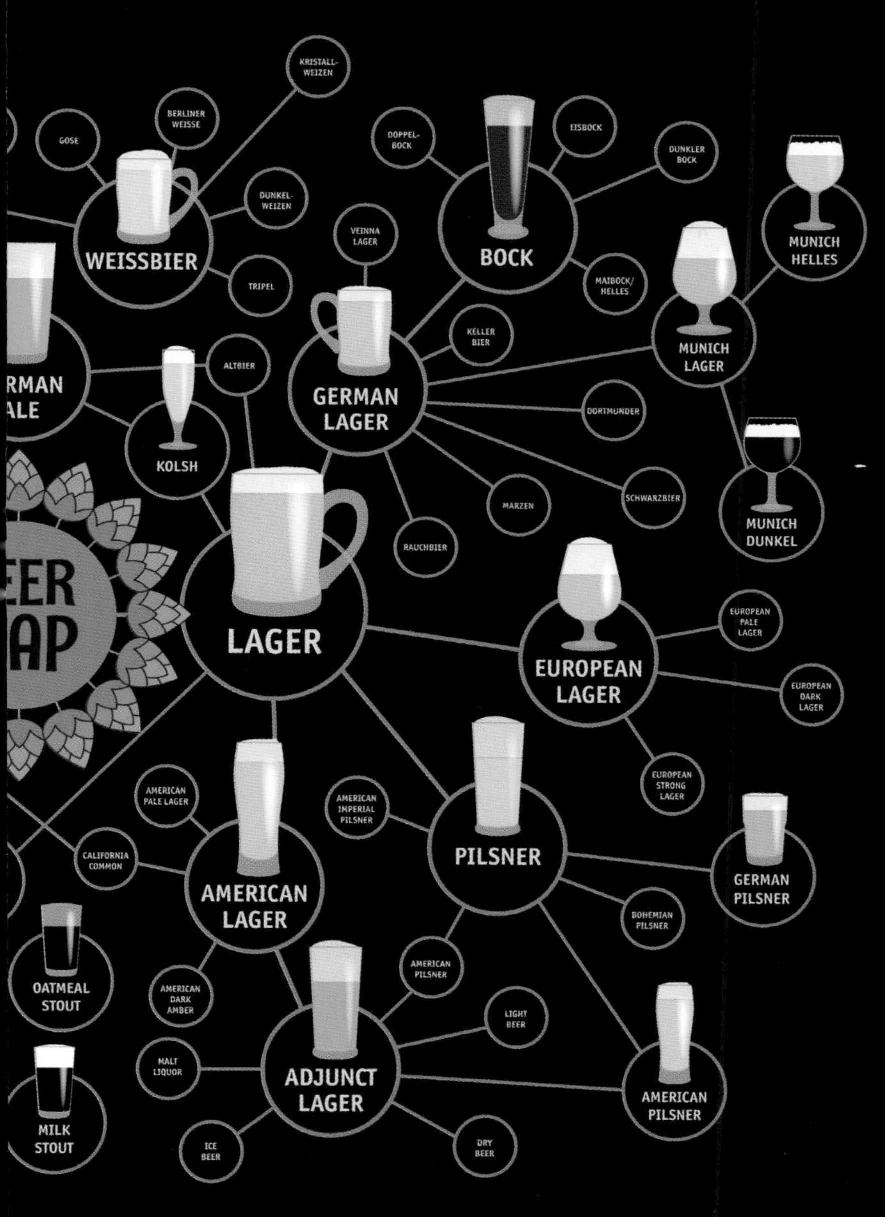
KRISTALL-WEIZEN
BERLINER WEISSE
GOSE
DUNKEL-WEIZEN
WEISSBIER
TRIPEL
DOPPEL-BOCK
EISBOCK
DUNKLER BOCK
BOCK
MAIBOCK/HELLES
MUNICH HELLES
VEINNA LAGER
KELLER BIER
MUNICH LAGER
GERMAN LAGER
ALTBIER
KOLSH
DORTMUNDER
MARZEN
SCHWARZBIER
RAUCHBIER
MUNICH DUNKEL
LAGER
EUROPEAN LAGER
EUROPEAN PALE LAGER
EUROPEAN DARK LAGER
EUROPEAN STRONG LAGER
AMERICAN PALE LAGER
AMERICAN IMPERIAL PILSNER
PILSNER
GERMAN PILSNER
CALIFORNIA COMMON
AMERICAN LAGER
BOHEMIAN PILSNER
OATMEAL STOUT
AMERICAN PILSNER
AMERICAN DARK AMBER
LIGHT BEER
MALT LIQUOR
ADJUNCT LAGER
AMERICAN PILSNER
MILK STOUT
ICE BEER
DRY BEER

맥주의 스타일은 우리의 상상을 뛰어넘을 정도로 다양하며 각각의 매력을 지니고 있다.

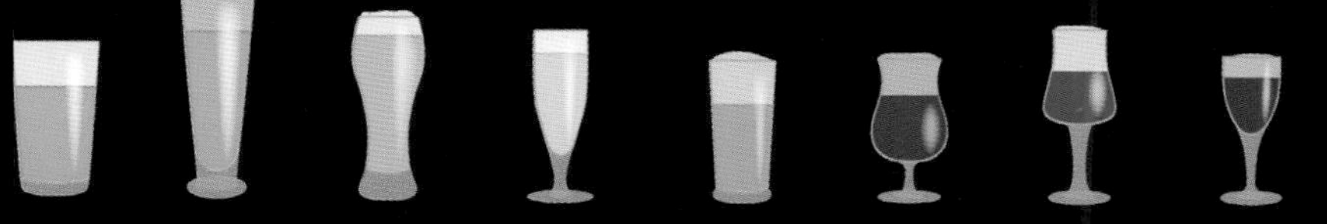

페일 라거Pale Lager

라거Lager란?

라거는 '저장하다'라는 의미를 가진 라거른lagern이라는 독일어 어원에서도 짐작할 수 있듯, 저온에 장기간 보관하는 방식으로 만들어지는 하면발효 맥주를 가리킨다. 15세기경 독일 바이에른 지역에서 탄생한 것으로 여겨지는 라거 맥주는 사실 에일 맥주 위주로 흘러오던 대부분의 맥주 역사 속에서 돌연변이처럼 등장한 맥주와도 같았다. '돌연변이'라는 표현을 강조하는 이유는, 실제로 라거 맥주가 탄생하는 과정에서 효모의 돌연변이가 발생했기 때문이다.

모든 생명체는 자신이 활동하기에 적합한 일정 수준의 온도 대가 있다. 미생물의 일종인 효모 역시 발효 과정에서 어느 정도의 온도가 보장되어야 발효 작용을 통해 먹음직스러운 맥주를 만들어낸다. 고대 이래 양조장에서는 효모의 존재조차 몰랐지만(효모의 존재가 알려진 것은 19세기 중반에 이르러서였다. 앞 장을 참고하시라) 경험적으로 맥주가 만들어지기 좋은 온도를 알았던 것이다.

하지만 모든 양조 과정이 항상 순탄하지만은 않다. 갑자기 날씨가 급변한다거나 효모가 오랫동안 저온 환경에 놓이는 경우는 생각보다 자주 발생했다. 특히 날씨가 좋지 않은 지역에서는 이런 현상이 더욱 빈발했다. 원래 고온에서 단기간에 반응하던 효모들 중 일부가 이 과정에서 변이하게 되었다. 바로 저온에서 천천히 반응을 이루어내는 방식으로 말이다. 이러한 방식은 반응 후의 부산물 역시 달라지게 만들었고, 양조인들은 원래 의도했던 풍부한 향미 대신 깔끔한 뒷맛을 그대로 내보이는 결과물에 크게 만족했다. 이후 독일의 바이에른처럼 산악 지대나 동굴이 있어 저온 보관에 유리한 지역에서는 이러한 라거 효모를 이용한 맥주 양조가 일찍이 발달했다.

이렇게 다소 독특한 탄생 배경을 가진 라거는 19세기 중반까지만 해도 자연적으로 저온 보관이 가능한 바이에른 등 일부 지역을 제외하면 맥주 세계에 있어서는 변방에 위치해 있었다. 하지만 냉장 기술의 발달과 열풍 건조 기술의 발명, 유리잔의 대중화 등이 겹쳐지면

서 현대적인 라거 '필스너'를 필두로 맥주의 대명사로 자리하게 되었다.

필스너Pilsen

흔히들 우리는 맥주 하면 독일을 많이 떠올리지만 1인당 맥주 소비량이 가장 많은 나라는 바로 체코다. 전통적으로 게르만 문화권과 인접해있고, 특히 비옥한 곡창지대에서 산출되는 질 좋은 보리와 홉, 그리고 맑은 물은 체코 맥주 산업 발달에 긍정적인 영향을 미쳤다. 우리가 잘 아는 필스너는 바로 19세기 체코의 작은 마을 필젠Pilsen에서 발명된 황금빛 맥주에서 시작했다. 자세한 이야기는 앞장에서 설명했으니 생략하겠지만, 필스너 맥주는 이전까지 없었던 황금빛과 쌉쌀한 홉으로 전 유럽인들의

필스너 우르켈 박물관에 전시된 시대별 디자인 변화. 필스너 우르켈은 맥주의 역사를 바꾸어 놓은 최초의 황금빛 맥주다.

마음을 사로잡았다.

필스너 맥주는 처음 체코에서 유래했지만, 곧 그 제작자들이 독일과 네덜란드로 옮겨가면서 유럽과 전 세계로 빠르게 확산되어 나갔다. 그런 차원에서 오늘날 우리가 마시는 모든 황금빛 맥주들은 어느 정도는 체코 필스너에 빚을 지고 있다고 보아도 과언은 아니다.

맥주 전문가들은 필스너를 지리적, 역사적 맥락을 고려해 크게 체코식과 독일식으로 나눈다. 체코식 필스너는 세계 최초의 필스너를 생산한 체코 필젠 시민 양조장에서 생산되는 **필스너 우르켈**, 그리고 필젠 인근에서 만들어져 버드와이저의 어원이 된 **부데요비츠키 부드바**가 포함된다. 그리고 초창기 필스너 제작자들이 독일로 이동해 전수한 기술로 탄생한 필스너를 가리켜 독일식 필스너라고 부른다. 두 필스너를 비교하자면 체코식 필스너는 더 짙은 황금빛에 맥아와 바디감의 풍부함을 중시하는 반면, 독일식 필스너는 가벼운 바디감과 청량감을 좀 더 강조한다.

독일이나 체코 이외의 지역에서 생산되는 필스너들도 존재한다. **에페스 필스너**나 **산 미구엘 페일 필젠**과 같은 맥주들인데, 이들은 충분히 마실 만한 라거이기는 하나 홉보다는 탄산을 강조해 본고장의 필스너와 거리감이 있다. 또한 미국의 크래프트 브루어리에서 생산하는 필스너들은 유럽의 필스너와 또 다른 개성을 가진다. 이들 크래프트 필스너들은 크래프트 맥주 중에서는 비중이 크지 않지만, 기존의 필스너들과 달리 시트러스나 파인계 아로마가 가볍게 첨가되어 색깔을 입힌 듯한 청량감을 느낄 수 있다.

필스너를 둘러싼 법정 다툼

필스너라는 이름은 비록 지명에 기반해 만들어졌지만, 그 뜨거운 인기 덕분에 전 유럽의 맥주회사들이 이 이름의 덕을 보고자 매달렸다. 이로 인해 원조 필젠 지역의 필스너와 그 이외 지역의 맥주회사 사이에서 갈등이 빚어졌다. 이러한 갈등 중 가장 유명한 것이 바로 체코의 부데요비츠키 부드바와 미국의 버드와이저 간의 소송이다. 200여 년 전, 미국의 사업가가 당시 체코의 작은 도시인 부데요비체에서 필스너를 마신 뒤 깊은 감명을 받고 미국에서 그 도시의 이름을 영어식으로 표기해 버드와이저를 만들었다. 이후 체코의 원조 회사가 수출을 하는 과정에서 해외 시장을 이미 선점해 버린 버드와이저와 상표권 충돌이 발생했다. 이는 세계 곳곳에서 법정 다툼으로 이어졌다. 결국 대부분의 지역에서는 원조의 승리로 끝나, 오늘날 미국산 버드와이저는 유럽이나 러시아에서 단지 '버드Bud'라는 약칭으로만 판매가 가능하다.

이보다는 덜 알려져 있지만, 필스너 맥주가 처음 등장해 전 유럽에서 선풍적인 인기를 끌던 시절 최초의 필스너를 만든 필젠 시민 양조장(나중에 필스너 우르켈로 이름을 바꾼다)은 독일산 필스너 회사들의 필스너 표기에 문제를 제기한 적이 있었다. 뮌헨에서 진행된 이 재판에서 판사는 필스너는 지리적 표기가 아닌 단순한 맥주 스타일의 이름일 뿐이라며 독일 양조장의 손을 들어주었다. 비록 이렇게 판결이 나기는 했지만 독일 양조장들은 혼동을 피하기 위해 자진해서 필스너라는 표현 대신 '필스Pils'라는 간접적인 표현으로 자신들의 필스너 맥주를 홍보하기 시작했다. 아이러니한 것은 오늘날 체코에서도 필스너라는 표현은 원조인 필스너 우르켈 말고는 눈에 잘 띄지 않는다는 것이다. 그 이유는 간단하다. 체코에서 제대로 된 황금빛 라거 맥주는 곧 필스너와 동일한 것이기 때문이다.

추천 맥주

부데요비츠키 부드바 Budějovický Budvar

- ABV: 5.0%
- 분류: 체코식 필스너
- 제조사(국가): 부데요비츠키 부드바 브루어리(체코)

체코에 위치한 부데요비체(부드바이스)라는 도시에서 만들고 있는 필스너로 미국 버드와이저와의 상표분쟁으로 유명한 맥주다. 필스너 우르켈에 비하면 산미감이 조금 더 도드라지는 편으로 조금 줄어든 쓴맛과 탄산감 덕분에 목 넘김이 부드럽다는 장점이 있다.

크롬바커 필스 Krombacher Pils

- ABV: 4.8%
- 분류: 독일식 필스너
- 제조사(국가): 크롬바커 브루어리(독일)

크롬바커는 독일에서 가장 큰 규모를 가진 개인 소유 브루어리로, 특히 필스너 분야에서는 계속해서 순위권을 유지하고 있다. 풍성하고 조직력 있는 거품이 인상적이며, 씁쓸하고 알싸한 홉과 맥아가 잘 어우러지는 독일식 필스너의 대표주자다.

빅토리 프리마 필스 Victory Prima Pils

- ABV: 5.3%
- 분류: 독일식 필스너
- 제조사(국가): 빅토리 브루잉 컴퍼니(미국)

미국 동부 펜실베니아에 위치한 빅토리 브루잉 컴퍼니의 대표 필스너로 2000~2010년대 많은 맥주 관련 상을 휩쓸었다. 유럽 필스너와 달리 밝고 뿌연 색감에 시트러스와 솔, 풀잎 향이 도드라져 색다른 개성을 갖고 있다.

유로피언 페일 라거 European Pale Lager

필스너의 성공 이후 전 유럽에서 필스너와 유사한 황금빛 라거들이 대대적으로 양산되기 시작했는데, 이것이 바로 오늘날 라거 맥주의 대다수를 차지하는 '유로피언 페일 라거'의 시초다. 당시 황금빛 맥주는 맥주의 혁신이자 미래로 여겨졌기 때문에 유럽의 많은 양조장에서 흥행을 위해, 또는 시류에 뒤처지지 않기 위해 앞다투어 만든 맥주이기도 했다. 이 분야에서 가장 성공한 맥주 둘을 꼽으라면 아마 맥주 역사와 가장 밀접한 관련이 있는 칼스버그와 하이네켄을 꼽을 수 있을 것이다. 이들 회사 모두 1800년대 후반, 황금빛 맥주라는 유행을 잘 이용했다. 그리고 칼스버그는 파스퇴르를 지원하여 맥주 생산에 있어 효모를 과학적으로 통제하고, 맥주의 살균법을 개선해 보존 능력을 개선하는 등 맥주의 역사에 크게 기여했다. 한편 하이네켄은 일관적인 CI와 스포츠와의 연계 마케팅을 통해 가장 강력한 브랜드 파워를 가진 맥주 중 하나로 남아 있다.

어쨌든 서구 문화가 전 세계에 널리 퍼짐에 따라 이후 필스너를 흉내 낸 황금빛 라거는 이른바 유로피언 페일 라거라는 이름으로 전 세계에서 쉽게 접할 수 있는 맥주가 되었다. 사실 편의적으로 생각하자면, 몇몇 지역색을 가진 맥주를 제외하면 필스너나 부가물 맥주로 분류되지 않는 모든 황금빛 라거 맥주는 유로피언 페일 라거로 분류할 수 있다고 보아도 무방할 정도다. 그런 점에서 유로피언 페일 라거는 유럽 서쪽 끝 이베리아반도부터 아시아와 오세아니아를 거쳐 캐나다 깊은 산속에 이르기까지 전 세계적으로 양산되고 있는 상업 맥주이기도 하다. 실제로 이러한 측면을 반영하여 유로피언 페일 라거라는 표현 대신 인터내셔널 페일 라거International Pale Lager라는 용어도 함께 사용되는 추세다.

적극적인 마케팅을 통해 오늘날 대표적인 유로피언 페일 라거로 손꼽히는 하이네켄

유로피언 페일 라거는 애초에 필스너를 닮고자 만들어졌기 때문에, 칼로 나누듯이 이 둘을 구분하기는 쉽지 않다. 하지만 많은 맥주 마니아들이 동의하는 필스너와 유로피언 페일 라거의 가장 큰 차이는 홉의 강도다. 상대적으로 잔디나 풀 느낌의 씁쌀한 인상을 가진 홉이 전면에 드러나는 필스너와 달리, 유로피언 페일 라거는 대부분 홉보다는 맥아 그 자체의 은은함을 강조한다. 이 때문에 잘 만든 유로피언 페일 라거는 홉의 씁

쓸함보다는 미각에 거슬리지 않는 비스킷이나 식빵 수준의 무난한 맥아의 풍미를 가졌다. 유로피언 페일 라거는 가벼운 목 넘김 덕분에 씁쓸한 홉 때문에 호불호가 갈릴 수 있는 정통 필스너에 비해 일상에서 마시기 더욱 적절할 수 있다. 또 한 가지 차이점은 유로피언 페일 라거의 경우 옥수수나 밀 등 부가물의 첨가에 대해 오직 맥아만을 사용하는 필스너보다 훨씬 관용적인 편에 속한다는 점이다. 사실 미국식 부가물 맥주의 악명과 맥주순수령이라는 단어가 주는 어감 때문에 부가물이 섞인 맥주를 삐딱하게 보는 경향도 있지만, **스텔라 아르투아**Stella Artois, **크로넨버그 1664**Kronenbourg 1664 등의 많은 유로피언 페일 라거들은 부가물 첨가를 통해 맥주의 맛을 더욱 개성 있게 만들었다.

추천 맥주

그롤쉬 프리미엄 라거Grolsch Premium Lager

- ABV: 5.3%
- 분류: 유로피언 페일 라거
- 제조사(국가): 그롤쉬 브루어리(네덜란드)

한국에 처음 소개되었을 당시 스윙탑 형상의 병뚜껑을 채택하여 많은 이들의 호기심을 자극한 맥주. 맥아와 홉, 탄산의 조화가 훌륭한 가장 모범적인 페일 라거 중 하나다.

스텔라 아르투아Stella Artois

- ABV: 5.0%
- 분류: 유로피언 페일 라거
- 제조사(국가): 안호이저-부시 인베브(벨기에)

옥수수 전분을 활용해 밝은 색상을 띠고 있고 봄볕을 쬐며 떠오르는 듯한 가벼움을 느낄 수 있는 맥주. 와인잔을 연상케 하는 전용잔을 이용하는 특징이 있다.

모리츠 바르셀로나Moritz Barcelona

- ABV: 5.4%
- 분류: 유로피언 페일 라거
- 제조사(국가): 모리츠 브루어리(스페인)

한국인에게는 관광 명소로 유명한 바르셀로나 최초의 브루어리인 모리츠 사의 페일 라거. 쌀 부가물이 보리 맥아와 조화를 이루어 깔끔하면서도 조금은 진중한 맛이 나타난다.

뮌헨 헬레스Munich Helles와 도르트문트 엑스포트Dortmunder Export

체코 밖에서 만들어진 가장 유명한 페일 라거는 체코의 접경국이었던 독일에서 탄생했다. 그중에서도 바이에른주 뮌헨에 있던 양조장들은 그전까지 둔켈 라거나 헤페바이젠 등을 만들어 오던 곳이었는데, 필스너가 휩쓸던 당시 시대에 맞춰 황금빛 맥주를 만들기로 결정했다. 가장 먼저 총대를 맨 양조장은 바로 스파텐Spaten 양조장으로, 1898년에 뮌헨 최초의 황금빛 라거를 만들어냈다. 이후 뮌헨의 많은 양조장들이 이러한 방식의 황금빛 라거를 만들기 시작했는데, 이것이 뮌헨 특산 라거인 뮌헨 헬레스의 시초가 되었다.

'밝은'이라는 뜻의 독일어 단어 helles가 보여주듯, 뮌헨 헬레스는 필스너의 황금빛을 꼭 빼닮은 라거 맥주다. 하지만 홉의 쌉쌀함 대신, 맥아를 좀 더 강조해 필스너와 차이를 두었다. 실제로 뮌헨 헬레스는 훗날 만들어진 다양한 페일 라거에 비해 상대적으로 맛이 담백하고 심심한 편이다. 하지만 맥아가 빈약한 것이 아니라, 은근하게 느껴지는 크래커나 식빵 계열의 맥아가 전달되기 때문에 오랜 연인과 함께하는 듯한 편안함을 안겨 준다.

최초의 뮌헨 헬레스를 만들어낸 스파텐 양조장의 로고

독일 북서부에 있는 산업도시인 도르트문트에서는 훗날 엑스포트Export라 불리는 또 다른 독특한 황금빛 라거가 만들어졌다. 이곳에서는 산업혁명 초기부터 석탄과 철강산업이 발달했는데, 공업이 발달했던 영국에서 그러했듯, 도르트문트의 노동자에게도 맥주는 없어서는 안 될 필수 식량이었다. 그러던 중, 19세기 후반에 들어 필스너의 인기가 전 유럽을 휩쓰는 과정에서 도르트문트의 양조장들은 '황금빛 맥주'라는 대세에 발맞추어 새로운 맥주를 만들기 위해 힘을 모았다. 이른바 도르트문트 유니언 브루어리Dortmunder Union Brauerei; DUB이라 불리는 양조장 연합이 이 시기 탄생했고 이들에 의해 기존의 필스너나 뮌헨 헬레스와는 차별화되는 황금빛 맥주가 세상에 나오게 된다. 지역에서 소비되는 것에서 그치는 당시의 맥주와는 달리, 이 맥주는 처음부터 적극적인 판로 개척으로 수출 시장에 뛰어들었다. 이로 인해 수출용 맥주라는 'Export' 표기가 정식 명칭으로 자리 잡게

1994년까지 도르트문트 유니언 브루어리의 양조장으로 사용되었던 U타워. 2010년부터 미술관 겸 예술가들의 전시공간으로 활용되고 있다.

된 것이다.

수출을 염두에 두고 만들어져서인지 도르트문트 엑스포트는 필스너나 뮌헨 헬레스에 비해 비교적 도수가 높으면서 홉이 억제되고 맥아의 풍미가 강하다는 특징이 있다. 19세기 말까지만 하더라도 수십여 곳의 양조장들이 도르트문트에서 엑스포트를 만들었지만, 20세기를 거치면서 대부분 사라졌다. 1994년 최대 규모의 양조장이었던 DUB가 파산하고, DUB에 합류하지 않았던 도르트문트 악티엔 브루어리DAB가 나머지 양조장들을 합병하면서 현재에 이르고 있다. 비록 원조 엑스포트는 오늘날 라거 시장에서 그 비중을 많이 상실했지만, 좀 더 도수가 높은 라거 맥주를 나타내는 표기로서의 엑스포트는 전 세계 라거에 공적으로 통용되는 단어로 오늘날까지 이어지고 있다.

추천 맥주

뢰벤브로이 오리지널Löwenbräu Original

- ABV: 5.2%
- 분류: 뮌헨 헬레스
- 제조사(국가): 뢰벤브로이(독일)

'사자의 양조장'이라는 뜻을 가진 뢰벤브로이의 뮌헨 헬레스. 부드럽고 달콤한 맥아와 청량감이 묻어나 5도대 초반이라는 도수에도 불구하고 얼마든지 부담 없이 즐길 수 있는 멋진 맥주다.

DAB 오리지널DAB Original

- ABV: 5.0%
- 분류: 도르트문트 엑스포트
- 제조사(국가): 도르트문트 악티엔 브루어리(독일)

오늘날 한국에서 쉽게 접할 수 있는, 거의 유일한 원조 도르트문트다. 묵직한 바디감과 풀잎 계열의 홉 아로마, 은은한 맥아의 풍미를 바탕으로 가벼운 맥주에 싫증 난 이들에게 추천한다.

부가물 맥주Adjunct Beer

19세기 독일에서 미국으로 이주한 독일인들이 세운 맥주 회사들은 오늘날 미국 상업 맥주의 시발점이었다. 이들은 맥주 원가를 낮추기 위해 보리의 함량을 낮추고, 대신 가격이 저렴한 옥수수나 쌀 등을 함께 맥아의 재료로 삼았다. 이는 당시로서는 저렴한 가격에 맥주를 대량 생산할 수 있는 방법으로 주목받았다. 금주법 시행 이후에도 이런 맥주를 만드는 대형 브루어리들은 살아남았으며, 이후 미국에서는 부가물 맥주가 시장 대부분을 차지하는 시대가 열려 지금에까지 이르고 있다.

미국식 부가물 맥주의 가장 큰 특징은 전반적으로 옅은 맥아와 강한 청량감이다. 대체로 색깔 역시 유로피언 페일 라거나 필스너보다 연한 편으로, 연노란색에서 심하면 미색으로 보일 정도로 옅다. 게다가 맥아

비중이 작기 때문에 거품 유지력도 약한 편이다. 홉이나 맥아의 풍미는 거의 느껴지지 않고 옥수수 맥아가 첨가된 경우에는 약간의 구수함과 시큼함을 느낄 수 있다. 나머지 풍미를 대부분 탄산으로 대체하므로 다른 맥주에 비해 탄산이 최대한 보존될 수 있도록 매우 낮은 온도로 마시는 걸 추천한다.

미국식 부가물 맥주와는 다른 그 나라만의 독특한 콘셉트의 부가물 맥주도 등장했다. 그 대표적인 예가 바로 중국과 일본의 부가물 맥주다. **설화**雪花, **칭따오**Tsingtao와 **옌징**燕京, **하얼빈**Harbin 등으로 대표되는 중국 부가물 맥주들은 모두 쌀 첨가라는 유사성이 있으며 이로 인해 미국의 부가물 맥주보다 옅은 색상과 가벼운 목 넘김, 깔끔한 피니시를 보여준다. 반면 **아사히 슈퍼 드라이**Asahi Super Dry, **삿포로**Sapporo 등 일본의 부가물 맥주들은 성분상으로는 쌀이나 옥수수 등이 포함되어 있음에도 결코 가볍지 않고, 이들 맥아를 깊이 있게 표현한다는 점에서 미국식 부가물 맥주와 차이가 있다.

많은 맥주 마니아들에게 부가물 맥주는 공공의 적이다. 맥주의 다양성을 훼손하고, 어느 가게를 가나 똑같은 맥주만 판매하게끔 만든 주범이라는 인식 때문이다. 다양한 맥아와 홉의 아로마를 중시하는 마니아들의 입장에서 이러한 원성은 충분히 타당하다고 할 수 있다. 하지만 그 부가물 맥주가 장점을 발휘하는 때가 없는 건 아니다. 부가물 맥주가 가진 옅은 맥아나 청량감은 웬만한 음식들과 부담 없이 잘 어울린다. 특히 일본 등에서 생산되는 몇몇 부가물 맥주는 발효 후 남은 당糖의 함량을 최소화시킨 '드라이dry 맥주'를 어필하는데, 이렇게 만들어진 맥주들은 어느 정도의 맥아 향미를 유지하면서도 극대화된 청량감을 보여준다.

추천 맥주

밀러 라이트Miller Lite

- ABV: 4.2%
- 분류: 부가물 맥주(라이트 비어)
- 제조사(국가): 밀러 브루잉 컴퍼니(미국)

1973년 출시된 밀러 라이트는 보통 맥주 칼로리의 절반이라는 강점을 적극 홍보해 상업적으로 성공한 최초의 다이어트 맥주다. 여타 부가물 맥주에 비해 더욱 가볍고 깔끔한 맛을 가지고 있어 한여름에 시원하게 마시기에 적합하다.

도스 에퀴스 라거 에스페샬Dos Equis Lager Especial

- ABV: 4.2%
- 분류: 부가물 맥주
- 제조사(국가): 쿠아오테모크 몬테주마 브루어리(멕시코)

'The most interesting man in the world' 콘셉트 광고로 서구권 누리꾼의 주목을 받았던 멕시코 맥주다. 크리스피한 맥아에 강렬한 탄산을 느낄 수 있어 기름지고 매콤한 멕시코 음식과 잘 어울린다.

하얼빈Harbin

- ABV: 4.3%
- 분류: 부가물 맥주
- 제조사(국가): 하얼빈 맥주(중국)

1900년부터 양조되기 시작하여 중국에서 가장 오래 된 맥주로 꼽히는 하얼빈은 칭따오, 설화 등과 함께 중국인들에게 사랑받는 맥주다. 옅은 색상과 함께 청량하고 깔끔한 마무리가 특징이다.

앰버 라거Amber Lager와 다크 라거Dark Lager

오늘날 라거는 곧 황금빛 맥주라는 인식이 강하지만, 맥아의 열풍 건조 기술이 발달하기 전까지 맥아를 건조하는 가장 손쉬운 방법은 직접 열을 가해 맥아를 말리는 방식이었다. 이 과정에서 맥아는 필연적으로 화학 반응을 거쳐 어두운 빛깔을 가지게 되었다. 이러한 색깔의 맥주는 황금빛 필스너가 탄생하면서 맥주 세계의 주류에서 밀려났다. 그러나 짙은 색 라거는 오늘날에도 페일 라거에서 느낄 수 없는 강한 맥아의 풍미를 지니고 있다는 점 때문에 계속해서 생산되고 있다. 이번 장에서는 하면발효 맥주이지만 앰버색, 또는 검은색을 띠어 페일 라거와 구분되는 맥주들에 대해 소개하겠다.

비엔나 라거 Vienna Lager

황금빛 라거가 등장하기 전 라거의 모습을 간직하고 있는 비엔나 라거는 19세기 유럽 중서부지역을 지배하고 있던 오스트리아-헝가리 제국의 수도 비엔나에서 유행하던 맥주다. 영국에서 양조를 공부하고 온 안톤 드레허Anton Dreher라는 청년이 처음 만든 이 맥주는 당대의 맥주들과 달리 깔끔한 뒷맛으로 선풍적인 인기를 끌었다. 사실 비엔나 라거의 앰버색은 당시 유럽에서 생산되던 라거 맥주들의 색깔과 큰 차이가 없었다. 하지만 비엔나 라거는 맥아즙을 3번 졸여내어 생산하는 '비엔나 방식'을 채택해 여타 경쟁 맥주에 비해 풍미 면에서 좋은 반응을 얻을 수 있었다.

비엔나 라거는 분명 혁신적인 맥주였지만, 같은 제국 내 보헤미아 지방(오늘날의 체코)에서 황금빛 라거, 필스너가 등장하자 서서히 시장에서 밀려나기 시작했다. 결국 1차 세계대전이 끝나고 오스트리아-헝가리 제국이 해체된 이후에는 비엔나 내에서도 잊힌 맥주가 되고 말았다. 대신, 앰버색을 한 라거를 통칭하는 앰버 라거라는 명칭이 더욱 널리 사용되는 실정이다.

그럼에도 불구하고 정통 비엔나 라거라고 할 수 있는 맥주가 의외의 장소에서 명맥을 이어가고 있다. 그곳은 바로 오스트리아와 전혀 관계가 없어 보이는 남미의 멕시코다. 1861년, 멕시코가 유럽에 대한 채무불이행으로 프랑스의 침공을 받아 점령당하는 사건이 발생한다. 이 사건으로 꼭두각시 정권인 멕시코 제국이 들어섰고, 오스트리아 황실에서 온 막시밀리안 1세Maximilian I가 제위에 오른다. 불과 3년간의 재위 기간이었지만, 그는 오스트리아 스타일 맥주를 마시기 위해 모국에서 양조자를 데려왔다.

이후 멕시코에서 만들어지기 시작한 비엔나 라거는 운이 좋게도 남미 일대에 자리 잡게 되었고 오늘날 마트 매대에서 볼 수 있는 **네그라 모델로**Negra Modelo는 멕시코에서 생산되는 가장 대표적인 비엔나 라거로 남게 되었다. 비록 오리지널 레시피와는 달리 부가물에 해당하는 옥수수 등이 들어갔지만 근본적인 맛의 콘셉트는 유지되고 있다.

추천 맥주

네그라 모델로Negra Modelo

- ABV: 5.4%
- 분류: 비엔나 라거
- 제조사(국가): 모델로 그룹(멕시코)

멕시코에 거주하는 오스트리아 출신 이민자들에 의해 1926년 출시된 네그라 모델로는 가장 유명한 비엔나 라거 중 하나로 손꼽힌다. 산미감이 가미된 은은한 커피 향미와 함께 청량한 탄산을 즐길 수 있다.

새뮤얼 애덤스 보스턴 라거 Samuel Adams Boston Lager

- ABV: 4.8%
- 분류: 비엔나 라거
- 제조사(국가): 보스턴 라거 컴퍼니(미국)

미국의 주요 크래프트 브루어리 중 하나인 보스턴 라거 컴퍼니를 대표하는 맥주로, 미국의 국부國父인 새뮤얼 애덤스를 기리는 의미로 이름이 지어졌다. 캐러멜맥아와 약간의 흙내음을 연상케 하는 씁쓸함으로 오랫동안 사랑받아온 맥주다.

메르첸 Marzen

독일어로 3월이라는 뜻을 가진 단어 Marz에서 유래한 메르첸은 과거 생활의 필수품과도 같았던 맥주를 떠올리는 스타일이기도 하다. 3월은 겨울에 파종한 보리를 거둬들이는 시기로, 본격적으로 날이 더워지기 전 맥주를 만들 수 있는 마지막 시즌이기도 했다. 이 이후에는 맥아즙이 상하지 않게 맥주를 담글 수 있는 적당한 온도를 유지하기 어려웠다. 이 때문에 사람들은 이 시기에 여름 보리를 수확하는 가을이 올 때까지 보관할 수 있는 맥주를 대량으로 만들어 메르첸이라고 불렀다.

메르첸을 마음껏 마실 수 있는 날은 바로 가을 수확철에 열리는 축제였다. 추수감사를 겸한 이 축제에서 사람들은 봄에 담가둔 메르첸을 재고떨이하듯 모두 마셔버렸다. 메르첸의 또 다른 별명인 '옥토버페스트Oktoberfest' 또는 '페스트비어Festbier'는 바로 이렇게 메르첸을 원 없이 마셨던 계절과 관련이 깊다. 기술이 발달하고 계절에 관계없이 맥주를 양조할 수 있는 시대가 찾아오면서 오늘날의 메르첸은 여름을 나기 위해 마실 수밖에 없었던 맥주가 아닌, 앰버 라거의 일종으로 독일 옥토버페스트를 상징하는 맥주 정도로 여겨지게 되었다.

메르첸의 특징은 로스팅된 갈색빛 맥아에서 우러나오는, 구운 빵 껍질이나 캐러멜 향미의 깊은 맛에 있다. 장기간 보관을 염두에 두었다는 점을 강조하는 듯, 4도에서 5도 사이인 일반적인 라거보다 조금 더 도수가 높은 편이고 알코올 향미에서 유래하는 배나 사과와 같은 인상도 조금씩 느껴진다.

매년 9월 말부터 10월 초까지 독일 뮌헨에서 벌어지는 옥토버페스트. 늦여름까지 마시고 남은 메르첸 맥주를 처리하는 축제가 바로 옥토버페스트의 유래다.

켈러비어 Kellerbier

켈러비어는 특정한 지리적 정체성을 가진 장르라기보다는 메르첸처럼 '옛날 맥주'의 정체성을 가진 맥주 중 하나라고 보는 게 더 적절하다. 오늘날 거의 모든 맥주들은 양조의 마지막 단계에서 효모 등을 가라앉히거나 여과함으로써 맥주의 청량감을 높이고 더 이상의 발효를 막아 보존 기간을 늘리는 과정을 거치지만, 현대적인 효모 여과 공법이 등장하기 전까지의 맥주들은 효모를 그대로 포함하고 있었다. 하지만 켈러비어는 '여과되지 않은', 즉 효모가 그대로 포함된 옛 맥주의 특성을 살려 효모가 가진 꿉꿉하고 텁텁한 맛이 그대로 녹아들어 있다. 효모가 보존된 만큼, 일반적인 맥주 맛과는 조금 다르지만 맥주를 좋아하는 사람이라면 한번쯤 마셔봐야 할 맥주 중 하나다.

추천 맥주

학커-프쇼르 오리지널 옥토버페스트

Hacker-Pschorr Original Oktoberfest

- ABV: 5.8%
- 분류: 메르첸
- 제조사(국가): 학커 프쇼르 브루어리(독일)

독일 뮌헨의 옥토버페스트를 개최하는 6대 브루어리 중 하나인 학커-프쇼르의 메르첸이다. 전반적으로 맥아의 달콤한 맛에 기반한 풍미를 갖고 있으며, 알코올의 드라이함과 무난한 목 넘김이 잘 어우러진다.

그레벤슈타이너 오리지널Grevensteiner Original

- ABV: 5.2%
- 분류: 켈러비어
- 제조사(국가): 벨틴스 브루어리(독일)

국내에서 가장 쉽게 볼 수 있는 켈러비어 중 하나로 대형 마트를 중심으로 많이 판매되고 있다. 부드러운 바디감과 사과나 배, 꽃 등으로 묘사되는 에스테르 아로마가 피어나는 와중에 약간 꿉꿉한 효모의 맛이 함께 느껴진다.

복 비어Bock Beer

오늘날 맥주 마니아들은 대기업에 의해 대량생산되고 있는 대부분의 라거에 대해 큰 관심을 가지지 않는다. 그렇지만 마니아들로부터 라거의 꽃으로 인정받는 맥주가 있으니, 바로 독일 남부의 특산 맥주 중 하나인 복Bock이다. 복은 13~14세기경, 독일 북부에 있는 아인벡Einbeck에서 만들어진 고도수 맥주에서 유래했다. 앞서 맥주의 역사 중 맥주순수령 파트를 읽었다면 기억나겠지만, 당시 한자동맹 도시들은 질 좋은 맥주를 만들기로 유명했다. 아인벡 역시 한자동맹의 일원이었는데, 아인베커Einbecker라는 별칭을 가졌던 아인벡 맥주는 풍부한 맥아 함유량과 엄격한 품질관리로 명성이 높았다. 이 아인베커는 벨기에, 영국 등 곳곳에 수출되었는데, 그 주요 고객 중 하나로 독일 남부 바이에른도 포함되어 있었다.

아인베커의 점유율이 높아지자 바이에른 공작 빌헬름 5세Wilhelm V와 그의 아들 막시밀리안 1세는 아인베커만큼 맛있는 맥주를 바이에른에서도 생산했으면 좋겠다고 생각했고 이를 위해 그들은 아인벡의 양조 전문가를 섭외해 궁정 양조장인 호프브로이하우스Hofbräuhaus를 만들었다. 그리고 그곳에서 아인베커를 능가하는 새로운 맥주를 만들도록 했다. 그 결과 에일의 일종이었던 아인베커와 뮌헨의 둔켈 라거가 합쳐진 새로운 라거가 탄생했는데, 이것이 바로 오늘날 우리가 마시는 복 비어의 시초다.

아잉거의 셀러브레이터 도펠복. 복 비어는 라벨에 유난히 염소 도안이 그려진 경우가 많은데 이는 book이라는 단어가 바이에른 사투리로 염소라는 뜻이기 때문이다.

이런 이유로 복이라는 명칭 역시 아인벡이라는 지명과 관련이 있다. 아인벡은 바이에른 방언을 쓰는 사람들에게는 아인복Einbock으로 발음되었고 독일어에서 부정관사로 쓰이는 ein과 같은 발음을 가진 아인ein이 생략되어 오늘날의 복이라는 이름만 남게 된 것이다. 복 비어는 훗날 바이에른에서 유래된 여러 맥주들이 그러하듯 독일 전역에서 널리 생산되는 맥주가 되었다. 그래서 복이라는 단어는 오늘날 맥아가 강조되는 고도수 앰버 라거를 지칭하는 보통명사에 가깝게 사용되고 있다. 6도 중반에서 7도 중반에 이르는 상당한 도수를 가진 복 비어는 그 도수와 몰티함, 스니프터 계열의 유리잔에 부어 마신다는 점을 보면 벨기에 에일과 비슷한 면모를 가지고 있다. 다만 저온숙성(라거링)을 통해 벨기에 에일보다는 맛이 좀 더 깔끔하고 청량한 편이다.

복 비어는 도펠복, 마이복, 바이젠복 등 몇 가지 파생형을 가지고 있다. 도펠복Doppelbock은 영어로 더블double로 번역되는 복 비어로, 그 말이 시사하는 바와 같이 맥아와 바디감, 도수가 더욱 강한 형태다. 색깔은 **파울라너 살바토르**Paulaner Salvator처럼 앰버색을 띠는 경우에서부터 **바이엔슈테판 코르비니안**Weihenstephan Korbinian처럼 새까만 색에 이르기까지 다양한 스펙트럼을 가진다. 그리고 농후한 바디감 속에서 초콜릿우유, 바닐라, 견과류, 과일 등 다양한 아로마를 느낄 수 있다. 바이젠복Weizenbock은 예로부터 밀맥주로 유명했던 바이에른의 양조문화와 복 비어가 결합해 만들어진 맥주 스타일로 여러 복 비어의 파생형 중 국내에서 가장 쉽게 접할 수 있다.

몇몇 복 비어들은 조금 더 마이너하다. 마이복Maibock이라 불리는 이 맥주는 봄철에 마시는 맥주라는 별명을 가지고 있는데, 어두어둑한 앰버색과 고동색 계통의 색깔이 대부분인 여타 복 비어와 달리 페일라거에 가까운 주황빛을 띤다. 순해 보이는 겉보기와 달리, 마이복 역시 일반 도펠복과 비슷한 수준의 도수와 바디감을 가지고 있어 가볍게 볼 맥주는 아니다. 또한 아이스복Eisbock은 알코올이 물보다 어는점이 낮다는 점을 이용해, 맥주를 얼려 맥주에서 수분을 제거하는 공정을 거친 복 비어를 말한다. 통상 맥주를 얼리는 것은 맥주에 있어서는 사형선고와도 같지만, 맥아와 알코올의 존재감을 다른 맥주에 비해 월등하게 높이려는 목적으로 접근하면 오히려 적절한 공정이라 볼 수 있다. 도수는 10도를 가뿐히 넘어 10도 중반에 육박하는 수준으로, 일반적인 와인과 비슷한 도수다.

추천 맥주

파울라너 살바토르 도펠복 Paulaner Salvator Doppelbock

- ABV: 7.9%
- 분류: 도펠복
- 제조사(국가): 파울라너 브루어리(독일)

파울라너 살바토르는 최초의 도펠복으로 400여 년 동안 레시피를 지켜왔다. 오래된 통나무의 아로마와 함께 볶은 커피 향과 캐러멜 향이 교차하면서 진득한 풍미를 뿜어낸다.

슈나이더 바이세 아벤티누스 아이스복

Schneider Weisse Aventinus Eisbock

- ABV: 12.0%
- 분류: 바이젠 아이스복
- 제조사(국가): 슈나이더 운트 손(독일)

아이스복은 맥주를 반쯤 얼린 뒤 얼음을 제거하는 방식으로 도수를 높이고 풍미를 농축한 형태에 속하는 특별한 복 비어이다. 와인 색깔과 농축된 흑설탕, 또는 토피를 연상하는 농후한 맥아로 마니아들의 사랑을 받고 있다.

다크 라거Dark Lager

오늘날 라거 맥주 하면 황금빛 맥주를 떠올리는 경우가 대부분이지만 맥아의 열풍 건조 기술이 발달하기 전까지는 맥아 건조의 가장 손쉬운 방법은 직접 불을 피워 맥아를 볶는 것이었다. 오늘날 커피콩을 볶는 과정이 그러하듯, 맥아를 볶는 과정에서 맥아는 까맣게 변하기 일쑤였고 옛사람들은 으레 맥주는 어두운 빛을 띠고 있다는 생각으로 어두운색 맥주를 당연하게 마셔 왔다. 영국에서는 이 검은 맥주가 포터와 스타우트라는 에일의 형태로 양조 되었지만, 독일의 몇몇 지방에서는 라거의 형태로 만들어졌다. 그게 바로 둔켈과 슈바르츠비어다.

우선 둔켈에 대해 알아보자. 둔켈Dunkel은 영어의 dark에 해당하는 독일어이기 때문에 검은색 바이스비어를 뜻하는 둔켈바이젠과 같이 맥주 색상을 나타내는 표현으로도 쓰인다. 하지만 이 단어가 '둔켈' 단독으로 쓰일 때에는 바이에른주에서 유래한 흑색 라거를 의미한다. 자연조건 덕분에 일찍부터 하면발효 맥주가 발달했던 바이에른 일대에서 생산된, 가장 오래된 라거 중 하나라고 할 수 있다. 마찬가지로 슈바르츠비어의 schwarz 역시 독일어로 검다는 뜻에서 유래했다. 이 슈바르츠비어는 바이에른주와 인접해 있는 독일 중부지방의 튀링겐주에서 만들어졌는데, 그중에서도 **쾨스트리처 슈바르츠비어**Köstritzer Schwarzbier는 독일의 대문호 괴테가 즐겨 마셨을 정도로 역사 깊은 맥주로 잘 알려져 있다.

둔켈과 슈바르츠비어는 같은 흑색 라거로 분류되지만, 서로 다른 고장에서 만들어진 만큼 약간의 차이점은 있다. 가장 명확하게 나타나는 차이점은 둔켈의 색상이 완전한 검은색이라면 슈바르츠비어의 색상은 흑갈색에 더 가깝다는 점이다.

그 외에도 마트 매대에는 슈바르츠비어나 둔켈로 불리지 않고 단순히 '다크 라거'라는 분류로 진열되는 맥주들도 상당히 많다. 이들은 둔켈과 슈바르츠비어를 참고해 상업 맥주 환경에 맞게 개량된 유로피언 다크 라거다. 적당히 로스팅된 아로마와 톡 쏘는 탄산 느낌이 있는, 오늘날 우리들이 일반적으로 흑맥주 하면 떠올리는 가장 전형적인 패턴을 한 맥주이기도 하다. 칠흑같이 검은빛에 활발하게 피어오르는 기포, 그리고 커피를 연상케 하는 로스팅된 맥아의 향미와 더불어 비교적 강력한 탄산으로 마무리되는 유로피언 다크 라거는 은근히 많은 맥주회사들이 활발히 생산하는 맥주이기도 하다.

추천 맥주

쾨스트리처 슈바르츠비어 Köstritzer Schwarzbier

- ABV: 4.8%
- 분류: 슈바르츠비어
- 제조사(국가): 쾨스트리처 슈바르츠비어 브루어리(독일)

독일에서 현존하는 가장 오래된 슈바르츠비어 중 하나로 긴 역사만큼이나 괴테, 비스마르크 등 독일의 유명인들이 사랑했던 맥주다. 약간의 산미감이 묻어나는 짙은 커피, 견과류 계통의 맥아와 적당한 탄산 덕분에 부담 없이 마시기 좋다.

쾨니히 루드비히 둔켈 König Ludwig Dunkel

- ABV: 5.1%
- 분류: 뮌헨 둔켈
- 제조사(국가): 쾨니히 루드비히(독일)

국내 마트를 중심으로 판매되어 가장 접근성이 좋은 뮌헨 둔켈이다. 다크초콜릿의 씁쓸함, 피넛 버터를 연상케 하는 고소함과 달콤함이 교차한다.

코젤 다크Kozel Dark

- ABV: 3.8%
- 분류: 뮌헨 둔켈
- 제조사(국가): 벨코포포빅키 코젤(체코)

체코에서는 코젤 체르니Černý로 불리는 다크 라거다. 두드러지게 낮은 도수 덕분에 로스팅된 아로마나 씁쓸함도 순하게 희석되어 반주 삼아 부담 없이 마시기에 좋다.

페일 에일Pale Ale

페일 에일은 수제 맥주 하면 가장 먼저 떠올리는 맥주 중 하나다. 18세기 들어 검은 맥주 위주였던 포터나 스타우트의 대항마로 등장했던 페일 에일은 쌉쌀한 맛과 투명한 갈색빛이라는 당시로써는 매우 혁신적인 요소를 갖고 있어 필스너가 등장하기 전까지 영국의 맥주 시장을 장악했다. 이후 20세기 후반에 들어 미국 서부를 중심으로 크래프트 맥주 부흥 운동이 일어나게 되었고, 많은 양조장이 그들의 첫 번째 라인업으로 페일 에일을 선택했다. 이미 미국식 부가물 맥주가 득세한 20세기 중후반, 페일 에일의 진한 빛깔과 독특한 아로마, 캐러멜맥아가 주는 매력은 기존 맥주에 지친 사람들에게 참신함을 느끼게 만드는 멋진 대안이었다.

영국에서 시작되었지만, 미국에서 제2의 전성기를 맞아 전 세계로 퍼져나간 탓인지 페일 에일이라는 단어 속에는 대표적인 영국식 에일이라는 이미지와 함께 가장 미국적인 에일이라는 이중적인 이미지가 함께 포함되어 있다. 그럼에도 불구하고, 영국식 페일 에일(또는 비터Bitter라 불리는)과 미국식 페일 에일American Pale Ale; APA은 스타일 측면에서 엄연히 다르다. 같은 이유로 페일 에일보다 더 강한 풍미를 가진 인디아 페일 에일India Pale Ale; IPA 역시 영국식과 미국식으로 나뉜다.

영국식 페일 에일(비터Bitter)과 영국식 IPA

영국식 페일 에일은 최초로 영국에서 만들어진 페일 에일을 말한다. 18세기 최초로 등장한 페일 에일은 잉글랜드 중부 버튼-온-트렌트Burton-on-Trent 지방의 황산염이 많이 섞인 물을 이용해 만들어졌다. 황산염은 홉의 씁쓸한 특질을 강화했고 이는 상대적으로 단맛이 제법 강했던 당대의 포터와 비교되었다. 사람들은 쓴맛이 강하다는 점에 착안해 페일 에일을 비터라고 불렀고, 이후 영국에서 페일 에일과 비터는 동의어로 쓰여 왔다.

최초의 페일 에일이자 19세기 영국을 대표했던 바스 페일 에일

영국식 페일 에일의 가장 큰 특징은 퍼글, 골딩 등 영국 에일에 주로 첨가하는 홉에서 비롯되는 축축한 흙과 나무, 피톤치드, 그리고 홍차 아로마다. 이 홉 아로마는 캐러멜맥아 맛과 억제된 탄

산을 바탕으로 한 부드러운 마우스필이 어우러져 영국식 페일 에일의 풍미를 표현한다. 이는 페일 라거만 마셔 온 사람이나 미국식 페일 에일만 접해 본 사람에게는 신선한 충격을 준다.

영국식 페일 에일은 깊은 역사만큼이나 다양한 종류로 나뉜다. 가장 약한 비터는 2도에서 3도 사이의 도수를 가지고 있고, ESB Extra Special(Strong) Bitter라 불리는 비터는 5도 이상으로 제법 강한 도수와 홉의 풍미를 가지고 있다.

우리가 잘 아는 인디아 페일 에일 역시 원래 이와 같은 페일 에일의 파생형 중 하나로 시작했다. 이름에서도 알 수 있듯 인디아 페일 에일은 원래 인도로 수출되던 페일 에일의 한 종류로, 홉과 도수를 강화시켜 보존성을 높인 형태다. 즉 좋은 맛을 내기 위해 만든 맥주라기보다는 장기 보관이라는 실용적인 목적에 더 치중한 맥주인 것이다.

이러한 인디아 페일 에일 장르의 특징-페일 에일에 비해 높은 도수와 홉-은 되려 20세기 후반, 크래프트 맥주 열풍이 부는 미국의 양조업자들에게 재조명을 받았다. 페일 에일보다 더욱 '강렬한' 무언가가 있다는 점은 홉에 익숙해진 맥주 마니아들에게도 충분히 어필할 수 있는 요소였다. 그 결과 인디아 페일 에일이라는 용어는 영국과 미국 모두에서 사용되고 있지만, 사실상 다른 맥주를 지칭하는 단어가 되었다.

추천 맥주

풀러스 런던 프라이드Fuller's London Pride

- ABV: 4.7%
- 분류: 영국식 페일 에일
- 제조사(국가): 풀러, 스미스 앤 터너 PLC(영국)

런던에서 만들어지는 영국식 페일 에일의 대표주자다. 캐러맬과 옅은 토피를 연상케 하는 부드럽고 달콤한 맥아와 비온 후의 촉촉한 흙에서 나는 홉 아로마를 뚜렷하게 느낄 수 있다.

쏜브릿지 자이푸르 인디아 페일 에일

Thornbridge Jaipur India Pale Ale

- ABV: 5.9%
- 분류: 영국식 IPA
- 제조사(국가): 쏜브릿지 브루어리(영국)

최근의 크래프트 맥주의 경향을 받아들여 새로이 변모한 영국식 IPA. 일반적인 영국식 에일과 달리 밝은 황금빛을 띠고 있으며 잘 말린 찻잎과 과일류의 향미를 느낄 수 있다.

위치우드 홉고블린Wychwood Hobgoblin

- ABV: 4.5%
- 분류: ESB
- 제조사(국가): 위치우드 브루어리(영국)

일반적인 비터에 비해 풍미가 강화된, 엑스트라 스페셜 비터ESB의 대표적인 예다. 적갈색에 가까운 짙은 색상에 약간의 감칠맛과 로스팅된 듯한 맥아의 풍미가 흙과 뿌리 향 아로마와 절묘하게 어우러진다.

드 몰렌 옵 앤 톱De Molen Op & Top

- ABV: 4.5%
- 분류: 영국식 페일 에일
- 제조사(국가): 드 몰렌 브루어리(네덜란드)

네덜란드의 대표적인 크래프트 브루어리 중 하나인 드 몰렌 브루어리에서 만든 영국식 비터다. 가벼운 탄산과 부드러운 목 넘김이라는 비터의 틀 속에서 가벼운 시트러스와 꽃 아로마를 자유분방하게 드러낸다.

미국식 페일 에일American Pale Ale과 미국식 IPAAmerican IPA

미국식 페일 에일은 크래프트 맥주 운동이 미국에서 막 시작되던 시절, 영국식 페일 에일을 참고해 만들어졌다. 최초의 미국식 페일 에일 중 가장 유명한 것은 1세대 크래프트 양조장인 시에라 네바다의 페일 에일로, 기존의 페일 에일의 공식을 깨부수고 시트러스 아로마 홉을 선택했다. 오렌지 껍질과 소나무에서 풍기는 향기를 내게끔 만들어 일종의 미국식 페일 에일을 위한 이정표를 제시한 것이다.

미국식 페일 에일과 영국식 페일 에일은 여러 부분에서 차이를 보인다. 우선 미국식 페일 에일은 전반적으로 영국식에 비해 도수가 높은 편이다. 또한 대체로 적갈색을 띠는 것이 보통인 영국식 페일 에일과 달리 미국식 페일 에일은 사용하는 맥아의 종류에 따라 탁한 노란빛부터 짙은 고동색을 띠어 사실상 앰버나 브라운 에일과 구분이 되지 않을 정도로 그 색깔의 종류가 다양하다.

하지만 무엇보다도 미국식 페일 에일의 가장 큰 특징은 홉에서 기인하는 강렬한 아로마에 있다. 이전까지 맥주에 첨가되는 홉이 단순히 다른 재료들과 보조를 맞추는 역할에 가까웠다면, 미국식 페일 에일의 등장 이후 홉은 독자적인 아로마를 바탕으로 맥주의 전체적인 풍미를 이끄는 형태로 자리 잡게 된다. 가장 대표적인 미국식 페일 에일의 특징적인 아로마는 위에서 언급한 시트러스와 열대과일(망고, 패션 프루트 등), 그리고 소나무(송진) 계열의 상큼하고 청량한 아로마다. 이 여러 가지 아로마는 독립적으로 나타나기도 하고, 동시에 발현되면서 흡사 뜨거운 햇볕이 내리쬐는 해변을 거닐며 생과일주스를 마시는 느낌, 또는 피톤치드로 가득한 소나무 숲에서 하이킹을 하는 듯한 기분을 느끼게 해준다.

미국식 페일 에일은 미국의 크래프트 맥주 운동이 전 세계로 퍼져나가는 과정에서 선봉장 역할을 톡톡히 수행했다. 오랫동안 평범한 페일 라거에 길들여졌던 사람들에게 강렬한 아로마와 홉을 가진 미국식 페일 에일은 크나큰 문화 충격에 가까웠을 것이다. 그래서인지 오늘날 미국식 페일 에일은 비단 미국에서만 생산되지 않고 크래프트 맥주가 전파된 어느 지역에서든 생산되고, 또 마실 수 있는 맥주가 되었다.

미국식 IPA는 영국식 IPA와 비터의 차이와 같이, 일반적인 미국식 페일 에일보다 높은 알코올 도수와 강렬한 홉 아로마를 특징으로 한다. 하지만 현실에서 미국식 IPA와 미국식 페일 에일을 딱 떨어지게 구분하기란 쉽지 않다. 보통의 경우, 브루어리 측에서 자사 제품 중 홉이 더 두드러지고, 도수가 높은 제품을 인디아 페일 에일로 명명한다. 그래서 미국에서 생산된 페일 에일이 한국에서 생산된 IPA에 비해 더 도수가 높고 홉이 강한 경우도 종종 있다. 그러한 기본 법칙하에 영국식 인디아 페일 에일과 미국식 인디아 페일 에일(AIPA라 불리는)의 맛의 차이는 영국식 페일 에일과 미국식 페일 에일의 차이와 비슷하다고 할 수 있다.

임페리얼 IPA(더블 IPA)

크래프트 맥주 운동의 발흥으로 빛을 본 인디아 페일 에일은 페일 에일로 만족하지 못하는 마니아들에게 좋은 반응을 얻었지만, 이내 좀 더 하드코어한 맥주를 원하는 마니아가 생겨나기 시작했다. 임페리얼 IPA는 이러한 현대적인 추세를 반영해 기존 IPA에 비해 도수와 홉을 더욱 강화한 타입의 맥주를 말한다. 이러한 IPA는 미국에서 개발되었고, 지금도 대부분이 미국에서 생산되는 편이다. 국내에서 구할 수 있는 가장 대중적인 임페리얼 IPA로는 트위스티드 맨자니타의 케이오틱 더블 IPA(ABV 9.7%), 밸러스트 포인트의 만타레이 더블 IPA(ABV 8.5%)가 있다. 한 모금 마시면 목구멍을 죄어드는 듯한 진득한 송진 느낌의 씁쓸한 홉 아로마와 걸쭉하다고 느껴질 만큼 강한 캐러멜맥아가 느껴져서, 바디감만으로도 잊지 못할 것이다.

추천 맥주

시에라 네바다 페일 에일Sierra Nevada Pale Ale

- ABV: 5.6%
- 분류: 미국식 페일 에일
- 제조사(국가): 시에라 네바다 브루잉 컴퍼니(미국)

1980년 처음 출시된 시에라 네바다 페일 에일은 크래프트 맥주 역사상 상업적으로 가장 성공한 맥주 중 하나이자, 미국식 페일 에일의 전형을 확립한 맥주로 평가된다. 부드러운 소나무와 시트러스 계통의 아로마, 캐러멜맥아의 조합이 그야말로 정석이라 할 수 있다.

베어 리퍼블릭 그랜드-엠 아메리칸 페일 에일

Bear Republic Grand-Am American Pale Ale

- ABV: 6.0%
- 분류: 미국식 페일 에일
- 제조사(국가): 베어 리퍼블릭 브루잉 컴퍼니(미국)

망고 계통의 과일 아로마와 견과류 향미를 가진 고소한 맥아가 인상적인 맥주. 도수에 비해 목 넘김도 부드럽고, 홉의 쓴맛도 강하지 않아 초보자도 무난하게 즐길 수 있다.

밸러스트 포인트 빅 아이 인디아 페일 에일

Ballast Point Big Eye India Pale Ale

- ABV: 7.0%
- 분류: 미국식 IPA
- 제조사(국가): 밸러스트 포인트 브루잉 컴퍼니(미국)

미국 서부지역의 대표적인 브루어리 중 하나인 밸러스트 포인트의 IPA. 시트러스와 허브 등의 상큼하고 향긋한 홉이 적당한 탄산과 맥아의 바디감으로 잘 표현되고 있다.

스톤 IPA Stone IPA

- ABV: 6.9%
- 분류: 미국식 IPA
- 제조사(국가): 스톤 브루잉 컴퍼니(미국)

1996년 창립된 캘리포니아의 IPA 전문 브루어리로 손꼽히는 스톤 브루잉 컴퍼니의 기본 IPA다. 송진과 시트러스 계열의 아로마를 베이스로 풍선껌에서 느껴지는 펑키한 풍미를 입안 가득 느낄 수 있다.

블론드 에일Blonde Ale과 세션 에일Session Ale

블론드 에일은 페일 에일보다 맥아의 함량을 낮추고, 쓴맛을 줄인 미국식 에일을 이르는 말이다. 이는 크래프트 맥주 초창기, 통상적인 페일 라거에 길들여진 소비자들이 부담을 느끼지 않도록 의도적으로 홉의 아로마를 낮춘 데서 유래했다. 블론드 에일은 골든 에일, 또는 썸머 에일 등 다양한 이명을 가지고 있지만, 기본 출발점은 '페일 라거처럼 부담 없이 마실 수 있는 에일'이다. 이 맥주들은 4도에서 5도 사이에 분포해 있으며 향이 깊은 라거로 착각할 정도로 옅지만 은근한 아로마와 청량감을 갖고 있다. 단, 벨기에에서 만들어지는 벨지안 블론드와는 만들어진 배경이나, 맛도 판이하게 다르다.

세션 에일 역시 기본적으로는 블론드 에일과 비슷한 취지에서 등장했다. 세션session이란 작업 시간 중의 쉬는 시간을 의미하는데, 세션 에일은 노동자들이 쉬는 시간에 새참 삼아 마실 수 있도록 만들어진 저도수 맥주를 뜻했다. 이러한 점에 착안하여, 오늘날 크래프트 맥주 중 '세션'이라는 접두사가 붙은 에일은 알코올 도수와 홉의 강도를 낮추는 대신 페일 에일의 아로마는 유지한 채 만들어졌다. 만약 미국식 IPA의 아로마를 부드럽게 즐기고 싶다면 세션 에일을 시도해보는 것도 좋다.

추천 맥주

빅 웨이브 골든 에일Big Wave Golden Ale

- ABV: 4.4%
- 분류: 블론드 에일
- 제조사(국가): 코나 브루잉 컴퍼니(미국)

하와이에 위치한 코나 브루잉 컴퍼니의 블론드 에일. 페일 라거를 연상케 하는 색감과 마우스필, 그 와중에 새콤달콤하게 느껴지는 소나무 아로마와 은은한 맥아가 청량한 목 넘김과 함께 잘 어우러진다.

파운더스 올 데이 IPAFounders All Day IPA

- ABV: 4.7%
- 분류: 세션 IPA
- 제조사(국가): 파운더스 브루잉 컴퍼니(미국)

미시건주에 위치한 파운더스에서 출시한 세션 IPA. 약간 달콤한 캐러멜맥아와 시트러스, 소나무 아로마를 전면에 내세워 가볍게 즐길 수 있다.

브라운 에일Brown Ale

페일 에일과 브라운 에일은 비슷한듯 다른 한 쌍이다. 특히 몇몇 영국식 레시피에 가까운 페일 에일의 경우, 겉모습만으로는 브라운 에일과 혼동할 정도다. 페일 에일과 브라운 에일이 비슷한 이유는 따로 있다. 영국에서 페일 에일이 처음 출시되던 시기, 뉴캐슬에서 페일 에일의 대항마로 만든 맥주가 브라운 에일이다. 라이벌 상품이 서로 비슷한 구석이 있듯, 브라운 에일도 살짝 투명한 갈색 계통의 색이다. 하지만 브라운 에일은 대부분의 페일 에일보다 진한 갈색에 가깝다. 또한 페일 에일이 쌉싸름한 홉의 느낌을 세일즈 포인트로 내세웠다면 브라운 에일은 맥아의 깊은 맛에 더 초점을 맞췄다는 차이가 있다. 갈색빛의 캐러멜 맥아를 통해 적당히 로스팅된 커피의 스모키함과 견과류의 아로마가 전해지는데, 보리로 만든 주류라는 맥주의 사전적 의미에 가장 충실하다는 인상을 받는다.

브라운 에일의 본고장인 뉴캐슬에서 탄생해 현재까지 명맥을 이어오고 있는 영국의 뉴캐슬 브라운 에일

오늘날 영국 본토에서 만들어지는 브라운 에일이 많지 않은 반면 미국의 크래프트 브루어리에서는 대다수의 브라운 에일이 생산되고 있다. 그러나 페일 에일과 브라운 에일의 차이는 미국의 크래프트 맥주 회사에서 만들어지는 제품들 사이에서도 고스란히 나타난다. 미국식 브라

운 에일은 오리지널 브라운 에일의 콘셉트를 강화해 홉의 느낌을 의도적으로 배제하고 짙은 맥아의 향미만으로 승부하는 경향을 이어가고 있다. 미국식 페일 에일과 확연히 다른 점이다.

한 가지 유의할 점은 영미권에서 만들어지는 브라운 에일과 벨기에에서 만들어지는 브륀Brune은 다른 맥주라는 점이다. 대체로 벨기에에서 만들어지는 브륀(브라운)은 벨기에 에일 두벨Dubbel의 일종으로 높은 도수에서 우러나오는 알코올의 풍미와 풍성한 거품, 그리고 토피 계통의 짙은 향미를 가지고 있어 페일 에일의 영향을 받은 브라운 에일과 상당히 다른 면모를 보이는 맥주다.

앰버 에일Amber Ale과 아이리쉬 레드 에일Irish Red Ale

본디 앰버 에일은 페일 에일의 파생형으로 출발했다. 페일 에일 중에서 호박색에 가까운 에일을 가리켜 앰버 에일이라 불렀는데, 이때의 호박은 먹는 호박이 아니라 송진이 굳어 오랜 세월에 걸쳐 만들어진 보석을 말한다. 단어 의미대로라면 앰버 에일은 약간의 붉은색이 도는 주황빛이어야 하지만 실제는 그렇지 않다.

많은 앰버 에일은 대부분 미국에서 생산되는데, 평균적으로 페일 에일이나 IPA보다 진한 갈색빛을 띠고 있어 외관상 브라운 에일과 매우 비슷하다. 게다가 홉의 비중을 낮추고 맥아의 느낌을 살린다는 점에서도 브라운 에일과 궤를 같이하고 있다. 그래서 홉의 비중이 낮은 몇몇 앰버 에일은 브라운 에일과 혼동될 여지도 존재한다.

아일랜드에서 유래한 붉은빛 에일인 레드 에일은 앰버 에일처럼 색상에서 명칭이 유래된 맥주 스타일 중 하나다. 사실 아이리쉬 레드 에일을 독자적인 맥주로 볼 수 있는지, 아니면 영국식 페일 에일(비터)의 일종인지에 대해서는 전문가마다 의견이 다르다. 많은 영국식 페일 에일 역시 레드 에일 못지않게 붉은빛을 띠는 경우가 많고, 레드 에일이 가진 과하지 않은 영국식 홉과 부드러운 목 넘김은 영국식 페일 에일과 매우 흡사하다. 그렇지만 레드 에일이 미국의 크래프트 브루어리에서 양산되면서 우리가 마트에서 만날 수 있는 레드 에일은 다양한 풍미를 가지게 되었다. 그래서 오늘날에는 레드 에일을 다른 페일 에일과 구분해 서술하는 경우가 많다. 단, 후술할 벨기에의 사우어 에일인 플랜더스 레드 에일은 색깔만 같을 뿐 풍미면에서 완전히 별개의 맥주 스타일이라는 걸 참고하길 바란다.

추천 맥주

로그 아메리칸 앰버 에일Rogue American Amber Ale

- ABV: 5.3%
- 분류: 앰버 에일
- 제조사(국가): 로그 에일스(미국)

풍성한 거품, 보통 수준의 바디감과 알코올을 느낄 수 있으며 로스팅된 커피원두에서 보이는 약간의 산미감 있는 아로마를 가졌다. 도수에 비해 상당히 강렬한 인상을 주는 앰버 에일이다.

베니아카 임페리얼 스위트 포테이토 앰버

Beniaka Imperial Sweet Potato Amber

- ABV: 7.0%
- 분류: 임페리얼 앰버 에일
- 제조사(국가): 코에도 브루어리(일본)

일본의 유명 크래프트 브루어리인 코에도 브루어리의 간판 맥주다. 고구마 첨가 앰버 에일이라는 특이한 이력답게 떨떠름하면서도 달콤한 풍미를 갖고 있으며, 이는 캐러멜맥아와 풀 느낌의 홉과 좋은 조화를 이룬다.

스미딕스 슈페리어 아이리쉬 레드 에일

Smithwick's Superior Irish Red Ale

- ABV: 3.8%
- 분류: 아이리쉬 레드 에일
- 제조사(국가): 스미딕스 브루어리(아일랜드)

18세기로 거슬러 올라가는 오랜 역사와 전통을 가진 아일랜드 에일로, 3.8도라는 낮은 도수와 질소가 함유된 크리미한 거품으로 부담 없이 즐기기에 좋다.

포터Porter와 스타우트Stout

포터와 스타우트는 닮은 듯하면서도 닮지 않은 쌍둥이 같은 맥주다. 17세기 말~18세기 초 영국에서 태어난 이 맥주는 맥아를 태우다시피 하며 로스팅할 수밖에 없었던 당시의 맥주 제조 공법을 그대로 간직한 채 오늘날까지 이어져 왔다. 많은 사람들에게는 단지 어두운빛의 '흑맥주'라는 거친 이름으로 분류되는 억울한 맥주들에 속한다. 아래에서는 비슷하지만 다른 맥주로 꼽히는 대표적인 맥주 스타일인 포터와 스타우트에 대해 다루기로 한다.

포터 Porter

포터는 우리에게 친숙한 '짐꾼'이라는 의미의 트럭 포터Porter와 동일한 어원을 공유하는 맥주다. 이 맥주는 17세기 말경 런던 인근 항구에서 활동하던 짐꾼들이 영양 보충을 위해 즐겨 마셨다는 데에서 그 이름을 얻게 되었다. 포터는 당시 서민들의 표준 맥주로 꽤 오랫동안 사랑받아왔지만, 이후 런던 일대에서 페일 에일과 스타우트가 등장해 인기를 끌면서 점차 사장되기 시작했다.

오늘날 영국식 포터의 원조 레시피는 상업적으로 판매되기 어려운 맥주 스타일이 되었고, 현재 영국에서 생산되는 대부분의 포터들은 레시피 측면에서 타협을 한 결과 스타우트와 비슷한 풍미를 갖는 경우가 많다. 오늘날 마니아들 사이에서 스타우트와 포터의 차이가 도대체 무엇인지에 관한 논쟁이 벌어지는 것 역시 포터와 스타우트 사이에 일어난 수렴현상과 관련이 깊다. 엄밀히 말하자면 포터가 스타우트보다 갈색빛을 띠고 바디감이 가벼운 것이 보통이지만 이 공식이 늘 적용되는 것은 아니다.

앵커 브루잉 컴퍼니에서 1970년대 초반 생산한 포터. 미국 크래프트 맥주 운동의 초창기 브루어들의 관심사는 상업적으로 멸종하던 영국 에일을 복원하는 것이었다.

오늘날 영국식 포터는 독자적인 개성을 많이 잃어버렸지만, 역사적인 의의는 있다. 영국식 포터는 크래프트 맥주 운동을 통해 미국식 포터에 많은 영감을 부여했다. 미국식 포터는 크래프트 맥주 운동이 벌어지던 초창기부터 미국에서 생산되기 시작했고, 굳이 이전부터 내려오던 오래된 레시피에 구애받을 일이 없었던 신대륙의 브루어가 만들었다. 그 덕분에 미국식 포터는 로스팅된 맥아를 살린다는 기본적인 아이디어에 기반을 두고 훨씬 다양한 시도를 많이 하는 편이다. 다만 미국식 페일 에일이 그러하듯 미국식 포터 역시 영국식보다 홉의 특성이 더 강하게 묻어나는 경향이 있다.

스타우트Stout*

스타우트는 스트롱 포터Strong Porter라는 이름으로, 18세기 당시 유통되고 있던 포터의 풍미를 강화시킨 형태의 맥주다. 이후 영어로 굳센, 강건한 등의 뜻을 가진 스타우트라는 이름을 얻게 되었다. 이 당시까지만 해도 스타우트는 포터와 정확히 구별되는 맥주라기보다는, 비교적 알코올 도수가 높은 맥주에 붙이는 수식어에 가까웠다.

하지만 1817년 대니얼 휠러Danial Wheeler가 블랙 페이턴트 맥아black patent

기네스는 오늘날 대중적으로 가장 성공한 스타우트 브랜드로 여겨진다. 사진은 기네스 오리지널이다.

* 아래 내용은 멜리사 콜, 《맥주 상식사전》 p.282

malt를 발명하면서 포터와 스타우트는 서서히 다른 길을 걷기 시작했다. 이 맥아는 적은 양을 사용하더라도 맥주에 검은빛을 부여할 수 있었는데, 이는 맥아 함량에 따라 주세를 매기던 당시의 주류세 구조상 혁신적인 발명이라 할 만했다. 양조업자들이 맥아의 총량을 절약하면서도 포터를 만들 수 있는 수단으로 블랙 페이턴트 맥아를 사용하기 시작했던 것이다.

이때 런던과 아일랜드는 블랙 페이턴트 맥아의 사용 농도에 있어 차이를 보이게 된다. 아일랜드의 양조업자들은 블랙 페이턴트 맥아의 사용량을 본토보다 2배가량 더 늘려 런던의 것보다 더 짙고 어두운 맥주를 만들어냈다. 이 시기부터 스타우트는 아일랜드, 특히 이러한 방식을 처음 시도한 기네스 양조장을 중심으로 발전하기 시작했다. 오늘날 스타우트를 언급할 때 대부분 기네스 드래프트 맥주를 떠올리는 것도 바로 이와 관련이 깊다.

원래의 스타우트는 높은 도수를 가진 포터에서 출발했지만, 오늘날의 스타우트는 가장 다양한 파생 스타일을 가진 맥주 중 하나로 손꼽힌다. 아래는 스타우트와 관련된 다양한 파생형이다.

- **드라이 스타우트**: 오늘날 상업적으로 가장 유명한 스타우트인 기네스의 주력 상품인 **기네스 드래프트**Guinness Draught와 **기네스 오리지널**Guinness Original이 드라이 스타우트에 속한다. 일반적인 포터와 스타우트가 약간의 잔당류를 남겨 맥아의 단맛을 느낄 수 있는 반면, 드라이 스타우트는 니트로 커피를 연상케 하는 절제된 커피 향과 부드러움을 골자로 잔당류를 최소화하여 목 넘김이 깔끔하고 수수한 인상을 준다.

- **엑스포트 스타우트:** 수출용으로 생산되던 스타우트로, 인디아 페일 에일이 그러했듯 운송 중 변질을 막기 위해 도수를 높여 생산한 스타우트다. 인디아 페일 에일은 그 명칭의 유래인 인도에서 찾아보기 힘들지만 엑스포트 스타우트는 영국의 식민지였던 아시아 국가에서 종종 찾아볼 수 있다. 높은 도수만큼이나 단순한 커피, 코코아를 넘어서 레드 와인과 같이 알코올 느낌이 감도는 아로마를 보이기도 한다.

- **밀크 스타우트:** 오늘날 크래프트 맥주 업계에서 가장 활발하게 생산되는 스타우트로, 양조 과정에서 유제품에 함유된 유당을 첨가하여 만든 맥주다. 에일 효모가 유당을 분해하지 못한다는 점에 착안해 만든 밀크 스타우트는 걸쭉한 바디감과 부드러운 거품을 갖고 있고 코코아나 커피우유를 연상케 하는 특유의 단맛 덕분에 든든한 식사를 한 기분마저 들게 만드는 별미이기도 하다.

- **임페리얼 스타우트:** 18세기경 영국이 발트국가들과 러시아에 수출한 포터에서 영감받아 오늘날까지 이어져 온 스타일이다. 밀크 스타우트가 부드럽고 달콤한 스타우트의 이면을 보여준다면, 도수가 강력한 임페리얼 스타우트는 단순한 로스팅된 아로마를 넘어서서 다크초콜릿, 담배, 모닥불 그리고 와인 등의 하드보일드한 향미로 무장한 맥주다.

스타우트는 건강에 좋은 맥주?

맥주 마니아들이 맥주를 마시면서 가장 먼저 내세우는 핑계(?) 중 하나는 바로 "맥주는 건강에 해롭지 않을뿐더러, 오히려 때로는 건강에 좋다"는 것이다. 실제로 포털 사이트 뉴스 페이지에는 맥주와 건강의 상관관계를 주제로 한 기사들이 잊을만하면 올라오곤 하지만, 대부분 사람들은 건강에 대한 맥주의 역할을 술자리의 농담 정도로 치부하는 경향이 있다.

하지만 불과 100여 년 전만 하더라도 맥주가 건강을 위한 보양식으로 대접받던 시절이 있었다. 이러한 사고는 생존을 위한 안전한 식수로 맥주를 사용했던 역사적 배경과 당대 유럽의 많은 노동자들이 육체노동 후 영양 보충과 원기 회복을 맥주로 충당했던 현실적인 배경이 함께 작용되었다. 그중에서 으뜸은 바로 외견상 가장 농후한 형태를 한 스타우트나 포터 계열의 흑맥주였다.

아일랜드의 기네스는 이러한 사람들의 인식에 착안해 자사의 주력 상품이었던 스타우트를 '보양식'으로 홍보하는 정책을 꽤 오랫동안 펼쳤다. 1920년대 기네스의 가장 유력했던 캐치프레이즈는 바로 '기네스는 건강에 좋습니다 Guinness is good for you'였다. 이러한 광고 전략은 2차 세계대전 이후 유럽 각국 정부들이 알코올 중독의 해악을 적극적으로 홍보하고 맥주의 과장 광고를 단속하면서 차차 사라졌다.

추천 맥주

세인트 피터스 크림 스타우트St.Peter's Cream Stout

- ABV: 6.5%
- 분류: 밀크 스타우트
- 제조사(국가): 세인트 피터스 브루어리(영국)

18세기의 맥주병 디자인을 본뜬 독특한 외견을 하고 있다. 스치는 듯한 원두커피 향과 콜드브루를 연상케 하는 깔끔한 목 넘김, 은근한 단맛이 인상적이다.

바이 어더 민즈By Udder Means

- ABV: 7.0%
- 분류: 밀크 스타우트
- 제조사(국가): 드 프로에프 브루어리(벨기에)

덴마크의 투올에서 개발하고 벨기에의 드 프로에프에서 생산하는 밀크 스타우트. 로스팅된 향이 전면에 나타나는 가운데 카카오 가루를 묻힌 다크초콜릿처럼 달곰씁쓸한 풍미가 뚜렷하게 차오른다.

올드 라스푸틴Old Rasputin

- ABV: 9.0%
- 분류: 임페리얼 스타우트
- 제조사(국가): 노스 코스트 브루잉 컴퍼니(미국)

상당한 바디감을 느낄 수 있는 임페리얼 스타우트. 짙은 코코아, 또는 커피 향이 주가 되는 가운데 솔, 시가 향이 스파이시한 향미와 뒤섞여 농후하게 나타난다. 하드보일드한 맥주를 찾는 마니아들에게 안성맞춤이다.

밀맥주Wheat Beer

밀맥주는 보리와 더불어 밀Wheat 맥아가 포함된 맥주들을 통틀어 부르는 말이다. 밀이 들어가는 맥주는 밀이 가진 풍부한 단백질 때문에 거품은 풍성해지고 바디감은 부드러워지며 탄산은 더 새콤해진다. 세부적으로 밀 성분의 비중, 그리고 어떤 종류의 효모와 부가재료를 쓰느냐에 따라 서로 다른 풍미를 가진 세 종류의 스타일로 나뉜다.

독일식 바이스비어Weissbier

독일 맥주를 표현하는 가장 대표적인 말 중 하나는 바로 맥주순수령일 것이다. 보리, 물, 홉만 넣어서 맥주를 만들어야 한다는 이 조항은 수백 년 동안 이어지면서 독일 맥주의 순수성과 우수성을 표현하는 상징으로 꼽혀 왔다. 하지만 잘 들여다보면 이 맥주순수령과 정면으로 모순되는 맥주가 버젓이 팔리고 있다. 바로 독일식 밀맥주인 바이스비어다.

독일 바이에른 일대에서 생산되던 밀맥주 바이스비어는 1516년 선포된 맥주순수령으로 인해 원래는 금지되어야 하는 맥주였다. 하지만 금지되기는커녕 바이에른을 통치하던 왕가만이 생산할 수 있는 맥주가 되어 오히려 바이에른 특유의 맥주로 그 명맥을 이어왔다. 바이스비어는 투명한 라거 맥주의 등장 이후 입지가 좁아지는 시련을 겪었지만 끝까지 살아남았고, 현재는 독일 남부지역뿐만 아니라 전 세계에서 널리 생산되는 맥주가 되었다.

뮌헨에 위치한 호프브로이하우스. 과거 바이에른 왕가 시절 밀맥주를 독점 생산하던 양조장으로 현재에도 뮌헨에서 가장 큰 브루어리 겸 펍으로 성업 중이다.

독일식 바이스비어는 바이젠 효모라는 별명을 가진 토룰라스포라 델브루에키Torulaspora delbrueckii 효모를 공통으로 활용하며 대부분 이들 효모를 여과하지 않고 병입한다. 이 효모가 만들어내는 특유의 풍미 덕분에 독일식 밀맥주의 맛의 편차는 적은 편이다. 단지 가격이 저렴해질수록 빈약해지는 맥아를 보충하기 위해 인위적으로 첨가한 탄산이 더 강하게 느껴질 뿐이다. 한편 바이스비어의 또 특징은 여타 맥주 종류에 비해 풍성하게 차오르는 거품에 있다. 일반적인 맥주가 잔 위에 평평한 거품을 만든다면, 잘 만들어진 바이스비어는 거품이 잔 꼭대기까지 솜사탕처럼 둥글게 차오르는 편이다.

'흰weiss 맥주'라는 의미를 가진 바이스비어는 긴 역사를 이어오면서 업체마다 다양한 별칭을 가지고 있다. 그중에서도 원래 명칭 못지않게 가장 많이 보이는 표현은 효모가 포함되어 있는 밀맥주임을 의미하는 헤페바이젠Hefeweizen이다. 아래는 바이스비어의 다양한 파생형들이다.

- **둥클레스 바이스비어:** 줄여서 둔켈바이젠Dunkelweizen이라고도 부르는 이 맥주는 로스팅된 맥아를 사용하기 때문에 기존 헤페바이젠보다 짙은 갈색에 토스트, 캐러멜맥아가 더해진 풍미를 가진다. 고전적인 스타일의 바이젠이지만 오늘날에는 일반 바이스비어에 비해 인기가 덜하다.
- **크리스탈바이젠:** 여타 바이젠들과 달리 병입 전 여과 과정을 거친 크리스탈바이젠은 맥주를 뿌옇게 만드는 효모와 단백질 부유물을 제거하여 라거처럼 투명한 빛깔을 띤다. 이 때문에 바이젠 특유의 효모 향미가 많이 제거되었지만, 훨씬 깔끔한 맛을 낸다.

- **바이젠복**: 알코올과 맥아 및 향미를 강화시킨 밀맥주로, 복 비어가 추구하는 강한 맥아라는 특성과 헤페바이젠의 효모로 뚜렷한 아로마가 좋은 조화를 이룬다.

추천 맥주

바이엔슈테판 헤페바이스비어

Weihenstephaner Hefeweissbier

- ABV: 5.4%
- 분류: 헤페바이젠
- 제조사(국가): 국립 바이엔슈테판 맥주회사(독일)

바이엔슈테판의 헤페바이젠은 역사적으로나 기술적으로나 가장 정석에 가까운 독일식 헤페바이젠이라는 평을 받는다. 은은한 바닐라와 스파이시한 아로마가 새콤하고 부드러운 밀 맥아의 풍미와 함께 전해진다.

카프치너 바이스비어Kapuziner Weissbier

- ABV: 5.4%
- 분류: 헤페바이젠
- 제조사(국가): 쿨름바허 브루어리(독일)

국내에 수입되는 밀맥주는 그 종류만큼이나 가격대도 다양하다. 쿨름바허 브루어리의 카프치너는 상대적으로 저렴한 가격대인데다가 좋은 풍미까지 가져 가성비 좋은 밀맥주로 손꼽힌다.

바이엔슈테판 비투스Weihenstephaner Vitus

- ABV: 7.7%
- 분류: 바이젠복
- 제조사(국가): 국립 바이엔슈테판 맥주회사(독일)

1040년부터 천여 년간 맥주를 만들어 온, 현존하는 세계 최고最古의 양조장으로 손꼽히는 바이엔슈테판의 바이젠복. 전반적으로 강화된 헤페바이젠의 느낌을 내며, 정향과 바닐라 계통의 아로마와 시큼한 밀 맥아가 맛의 상승효과를 일으킨다.

에딩거 바이스비어 둔켈 Erdinger Weissbier Dunkel

- ABV: 5.3%
- 분류: 헤페바이젠 둔켈
- 제조사(국가): 에딩거 브루어리(독일)

세계 최대 규모의 밀맥주 생산 회사인 에딩거의 흑 밀맥주. 로스팅된 맥아를 사용해 바삭바삭한 토스트와 코코아, 볶은 커피의 향미가 특징이다.

벨지안 화이트 Belgian White

지금은 맥주에 홉이 들어가는 것을 당연하게 여기지만, 홉이 본격적으로 사용된 15세기 이전만 해도 홉은 단지 맥주를 만들 때 살균 및 향미 증진을 위해 넣었던 수많은 허브 중 하나였다. 명확한 살균 효과와 그 중독성 있는 쓴맛 때문에 홉이 유력한 양조 재료로 받아들여지긴 했지만, 일부 지역에서는 여러 이유로 홉 이외의 여러 재료를 넣어 맥주를 만들어 왔다. 고수 종자나 오렌지 껍질 등을 첨가해 만든 벨지안 화이트 Belgian White* 역시 그중 하나였다.

물론 벨지안 화이트 역시 다른 원시적인 맥주들처럼 맥주의

* 벨기에에서 밀맥주를 이르는 표현인 윗비어 Witbier 라고 부르기도 한다.

역사 속에서 사라질 뻔했다. 하지만 1950년대, 벨기에의 우유 배달부였던 피에르 셀리스Pierre Celis가 자기 고장에서 폐업한 벨지안 화이트 양조장을 인수하면서 역사의 흐름이 바뀌었다. 그는 사라졌던 자기 고향 맥주의 전통을 따르면서도 오늘날의 입맛에 맞게 고친 맥주를 내놓았는데, 이것이 바로 우리가 잘 알고 있는 맥주 호가든Hoegaarden의 원조다.

현대 벨지안 화이트의 원조로 평가받는 호가든

호가든은 다국적 맥주 기업 스텔라 아르투아(현 인베브)에 인수된 이후 원가 절감 과정에서 품질이 낮아지게 되었다. 이에 불만을 품은 셀리스는 미국으로 건너가 2011년 사망할 때까지 좀 더 제대로 된 벨지안 화이트를 만들기 위해 노력했다. 이후 이에 영감을 받은 미국의 여러 크래프트 양조장들이 벨지안 화이트 콘셉트를 가진 맥주를 많이 생산하게 되었다. 이러한 역사 배경으로 인해 오늘날의 벨지안 화이트는 여타 벨기에 에일들과는 달리 벨기에, 미국뿐 아니라 세계 각지의 소규모 양조장에서 흔하게 생산되는 크래프트 맥주로 여겨진다.

상업화되기 전의 벨지안 화이트는 처음 마시는 사람에게는 '잡내'가 섞인 듯한 인상을 남긴다. 고수 종자가 주는 특유의 향미, 그리고 오렌지 껍질이 내는 가벼운 시큼함 등이 복합적으로 작용해 말로는 쉽게 설명하기 어려운 맛이다. 오늘날에는 벨지안 화이트를 여러 양조장에서 생산하면서 기존 레시피 재료뿐만 아니라 레몬그라스, 생강 등 다른 향을 내는 재료들이 첨가되면서 새로운 모습으로 진화하고 있다.

추천 맥주

블루 문 벨지안 화이트Blue Moon Belgian White

- ABV: 5.4%
- 분류: 벨지안 화이트
- 제조사(국가): 블루문 브루잉 컴퍼니(미국)

현재는 밀러쿠어스 산하에 있는 블루문에서 생산되고 있는 벨지안 화이트. 미국에서 가장 대중적인 벨지안 화이트 중 하나로 시트러스와 스파이시한 고수 아로마가 잘 묻어나와 부족함이 없는 맥주다.

셀리스 화이트Celis White

- ABV: 4.9%
- 분류: 벨지안 화이트
- 제조사(국가): 셀리스 브루어리(미국)

벨지안 화이트를 현대에 부활시킨 피에르 셀리스가 자본 논리에 구애받지 않고 자신이 상상한 진정한 벨지안 화이트를 구현하기 위해 만든 맥주. 햇살처럼 환한 자몽의 풍미가 주가 되어 여타 밀맥주보다 좀 더 새콤하다는 인상을 받게 된다.

이네딧 담 Inedit Damm

- ABV: 4.8%
- 분류: 벨지안 화이트
- 제조사(국가): 에스트렐라 담(스페인)

라거와 에일의 블랜딩이라는 발상에서 출발한 맥주로, 최종적으로는 벨지안 화이트의 풍미를 가지게 되었다. 시트러스와 고수의 은근한 향미와 함께 입맛을 돋우는 가벼운 청량감과 바디감을 가지고 있어 식사에 곁들여 마시기에 좋다.

미국식 페일 위트 에일 Pale Wheat Ale

20세기 후반 미국에서 탄생한 페일 위트 에일은 오랜 역사를 가진 독일식 바이스비어나 원시적인 레시피에서 유래한 벨지안 화이트와 다르게 역사가 길지 않다. 바이스비어나 벨지안 화이트 등 기존 밀맥주가 가지는 농후한 정향과 바닐라 향미가 현대인에게는 맞지 않는다는 일종의 반작용으로 탄생한 페일 위트 에일은 과감하게 기존에 사용되던 밀맥주용 효모를 사용하지 않았다. 대신 미국식 페일 에일의 특징인 시트러스 아로마를 내는 홉을 사용했다. 즉 바이젠의 장점과 미국식 페일 에일의 장점을 함께 얻는 것이 페일 위트 에일의 지향점이다. 이러한 점에서 페일 위트 에일은 에스프레소의 진한 맛에서 벗어나려는 과정에서 탄생한 아메리카노와 비슷한 인상을 준다.

미국식 페일 위트 에일은 바이스비어처럼 뿌연 빛깔을 가졌지만 잔에 따랐을 때 피어오르는 거품이 다소 적다는 점에서 어느 정도 식별이 가능하다. 특히 마셨을 때, 바이스비어의 바닐라나 정향 계열 특유의 아로마 대신, 페일 에일에서 느껴지는 과일 및 시트러스 계열의 새콤달콤한 아로마가 주를 이룬다. 상대적으로 가벼운 바디감과 청량감 속에서 밀 맥아가 가지는 부드러운 풍미가 홉의 톡톡 튀는 느낌을 잘 잡아주는데, 이는 여타 밀맥주와 비교했을 때 미국식 페일 위트 에일만이 가진 장점이라고 할 수 있다.

벨기에 에일

다양성이 살아 숨 쉬는 벨기에 에일

벨기에 에일이 한국에 소개된 지도 꽤 오랜 시간이 흘렀지만, **호가든**Hoegaarden을 제외하면 타 국가 맥주에 비해 상대적으로 인지도가 높지 않은 편이다. 하지만 알고 보면 벨기에 맥주만큼 흥미롭고 역동적이면서 매력적인 맥주도 없다. 바로 옆 나라 독일이 맥주순수령으로 대표되는 '순수한 맥주' 전통을 이어왔다면, 벨기에 맥주는 고수 종자나 허브와 같이 다양한 첨가물과 야생 효모를 사용하는, 예로부터 내려오는 맥주 양조법을 꾸준히 이어오고 있다. 게다가 벨기에는 수도원에서 맥주를 담그는 중세시대의 전통 역시 가장 잘 보존하고 있는 곳으로, 이른바 애비 에일Abbey Ale이라 불리는 수도원 맥주 대부분이 벨기에에 존재한다. 이 맥주들은 다국적 맥주회사의 생산량에 비하면 티끌만한 수량이며, 본고장에 가지 않으면 구할 수 없는 맥주들도 많다. 이러한 희소성과 특이함이 맥주 마니아들의 성지로 여겨지는 이유이기도 하다.

벨기에 맥주로 분류되는 맥주 거의 모두가 에일에 속한다. 하지만 벨기에 맥주는 그 고유의 스타일 덕에 다른 맥주와 비슷한 명칭이라도 그 풍미가 완전히 다르다. 그래서 벨기에에서 유래한 맥주 스타일은 비슷한 이름의 타 맥주 스타일과 혼동을 피하기 위해 벨지안Belgian이라는 수식어가 붙는 경우가 많다. 즉 앞서 살펴본 블론드 에일과 벨지안 블론드는 판이하게 다르고, 페일 에일과 벨지안 페일 에일 역시 별개의 맥주로 이해하면 된다. 이는 이 책에서 다른 맥주 스타일들과 달리 벨기에 맥주만큼은 별도로 다루는 이유이기도 하다.

와일드 에일 람빅을 제외한 벨기에 맥주를 타 국가 맥주와

벨기에 에일의 가장 큰 특징은 목이 달린 유리잔에 맥주를 담아 마시는 것이다.

비교해보면, 홉의 쓴맛은 영미권의 페일 에일에 비해 강하지 않고 알싸한 느낌으로 보조적인 역할을 한다. 대신 벨기에 에일은 토피를 연상케 하는 농후한 맥아의 단맛과 효모의 영향으로 에스테르계 향미라 불리는 꽃, 꿀, 배와 같은 달콤한 향기를 전면에 내세운다. 동시에 타 맥주에 비해 상당히 높은 바디감과 알코올 도수, 그리고 독일의 바이스비어와 비견할 만큼 풍성한 거품을 공통적인 특성으로 가지고 있다. 이 때문에 벨기에 에일은 피처에 담아 단숨에 들이켜기보다는 와인잔처럼 손잡이가 달린 스니프터, 또는 고블렛 같은 잔에 따라 조금씩 음미하면서 즐기는 것이 더 좋다. 아래에서는 마트에서 주로 볼 수 있는 대표적인 벨기에 에일이다.

벨지안 블론드Belgian Blonde

벨지안 블론드는 벨기에 맥주 가운데 가장 무난하게 마실 수 있는 맥주다. 몇몇 벨기에 에일이 강한 맥아를 기본으로 해 경우에 따라서는 홉이나 첨가물의 강한 풍미로 초심자에게는 질릴 수 있지만, 벨지안 블론드는 맥아의 단맛과 스파이시한 과일 향이라는 벨기에 에일의 마일드한 특성만을 지녔다. 마일드하다고 하지만 알코올 도수 6도 대에서 시작하는 만큼, 일반적인 페일 라거처럼 단숨에 벌컥벌컥 마실 수 있는 부류는 아니다. 마트에서 찾아볼 수 있는 가장 대표적인 벨지안 블론드로는 **레페 블론드**Leffe Blonde, **그림버겐 블론드**Grimbergen Blonde, **마레드수스 6 블론드**Maredsous 6 Blonde를 꼽을 수 있다. 조금 더 시선을 높인다면 정통 트라피스트 수도원에서 생산한 **베스트블레테렌 블론드**Westvleteren Blonde도 있다.

벨지안 스트롱Belgian Strong

벨지안 스트롱은 풍미의 강도와 도수가 벨지안 블론드보다 향상된 스타일이다. 7.5도에서 10도 사이의 알코올 도수 분포를 보이며, 블론드와의 결정적인 차이점은 홉의 강도에서 나타난다. 다음 장에서 다룰 수도원 맥주 트리펠 역시 벨지안 스트롱과 비슷한 특성을 보인다.

벨지안 페일 에일Belgian Pale Ale과 벨지안 IPABelgian IPA

벨지안 페일 에일은 세계대전 전후 시기, 필스너 맥주에 대응하기 위해 기존의 벨기에 에일을 개선하는 과정에서 등장한 맥주다. 그래서인지 전반적으로 바디감이 가볍고 도수 역시 일반적인 벨기에 에일에 비해 낮은 편이라 부담 없이 접근할 수 있다. 물론, 다른 나라 에일과 비슷한 이름을 가진 벨기에 에일이 그러하듯 벨지안 페일 에일은 홉이 중시되는 영미권 페일 에일과 달리 씁쓸한 맛이 덜하고, 맥아의 달달함이 좀 더 두드러지는 별개의 맥주 스타일이다.

특히 벨지안 IPA는 미국의 크래프트 맥주 경향을 받아들여 비교적 최근에 등장한 맥주 스타일이다. 미국식 IPA의 영향을 받은 벨지안 IPA는 시트러스와 열대과일 계통의 아로마를 내는 미국의 홉과 벨기에 브루어리들이 전통적으로 써 온 효모를 결합했다. 뿐만 아니라 고수나 밀 등 벨지안 화이트 레시피를 끌어들인 경우도 있다. 그래서인지 자유분방한 벨기에 맥주 중에서도 특히나 다양한 개성을 가진 맥주들이 양조 되는 스타일이기도 하다.

벨지안 화이트Belgian White

밀맥주 장에서 이미 자세히 언급한 벨지안 화이트는 벨기에 에일 중 전 세계적으로 가장 성공한 상업 맥주라 해도 과언은 아닐 것이다. 벨지안 화이트는 넓은 범위에서는 밀맥주로 분류되지만, 중세 시대의 레시피 영향을 받은 고수 종자나 오렌지 껍질 등이 함유되어 시트러스와 허브향이 뒤섞인 특유의 아로마를 가지고 있다. 이러한 특성이 오늘날의 크래프트 맥주 경향과 맞아떨어져, 벨기에 본토뿐 아니라 미국의 크래프트 업계에서도 즐겨 생산하는 보편적인 스타일이 되었다.

세종Saison과 팜하우스 에일Farmhouse Ale

우리네 농부들이 새참 때 쌀로 만든 농주農酒인 막걸리를 마셨듯, 유럽의 농부들 역시 쌀 대신 보리로 만든 맥주를 새참주 삼아 마셨다. 이러한 맥주들 중 세종은 특히 벨기에 남부, 그리고 이웃인 프랑스 일부 지역에서 만들어지는 스타일로 영어로는 계절season로 번역된다. 이는 세종이 맥주 양조에 어려움이 있는 여름철을 피해 겨울과 봄에 만들어진 맥주라는 점과 관련 있다.

과거의 세종은 집집마다 담그는 가양주에 가까워서 농사일에 방해가 되지 않도록 도수를 낮추고 보존성을 높이기 위해 홉을 많이 첨가했다. 하지만 이러한 특징을 제외한다면 레시피는 들쭉날쭉했다. 굳이 농주로 세종을 마시지 않아도 되는 지금은, 가볍게 마실 수 있다는 기본 이념에 착안해 산뜻하고 탄산감이 제법 되는 편안한 맥주로 다시 태어났다.

현재 세종과 같은 맥주를 생산하는 지역은 많지 않지만, 벨기에와 국경을 접한 프랑스 지방에서 비에흐 드 가르드Bière de Garde(저장맥주, Keeping Beer)라 불리는 세종의 사촌뻘인 맥주가 생산되고 있다. 또한 세종이 가진 목가적인 분위기에 매력을 느낀 미국의 크래프트 브루어가 이 맥주를 본뜬 벨기에 에일을 만들고 있는데, 농가에서 만들던 역사를 강조하기 위해 팜하우스 에일Farmhouse Ale이라는 이름으로 판매하고 있다.

추천 맥주

브뤼흐스 조트 두벨Brugse Zot Dubbel

- ABV: 7.5%
- 분류: 두벨
- 제조사(국가): 드 할브 만 브루어리(벨기에)

합스부르크 가문의 지배에 반기를 들었던 벨기에 브뤼허 시민들에게 붙여진 '브뤼허의 광대들zot'이라는 표현에서 착안해 만들어진 맥주다. 흑설탕 느낌의 맥아와 더불어 백포도주의 새콤달콤한 풍미가 특징이다.

델리리움 녹터눔Delirium Nocturnum

- ABV: 8.5%
- 분류: 벨지안 스트롱 다크 에일
- 제조사(국가): 휘게 브루어리(벨기에)

'환각의 밤'이라는 뜻을 가진 맥주. 소다 캔디와 건포도 향이 뒤섞인 진한 맥아로, 도수에 비해 목 넘김이 가벼워 계속해서 마시게 된다.

세종 듀퐁Saison Dupont

- ABV: 6.5%
- 분류: 세종
- 제조사(국가): 듀퐁 브루어리(벨기에)

현대 세종 맥주 중 가장 모범적인 맥주로 꼽힌다. 병뚜껑을 따자마자 피어오르는 자두와 사과 계열의 농후한 과일 향부터 시작해 아지랑이처럼 피어오르는 알코올과 스파이시한 풍미는 마치 봄철의 꽃밭을 연상케 한다.

트라피스트와 수도원 맥주

수도원 맥주의 변질

앞 장에서 언급했던 것처럼, 자급자족으로 운영되었던 중세 시대 수도원들은 자체적으로 맥주를 생산하는 걸 당연하게 여겼다. 특히 노동과 청빈을 모토로 한 카톨릭 내 혁신주의 수도회였던 베네딕토회는 노동으로 구원을 받는다는 가르침 아래 조금이라도 더 나은 맥주를 만들기 위해 끊임없이 노력해 초기 맥주 역사에 크게 공헌했다.

노동과 청빈을 모토로 한 이들의 활동 역시 시간이 흐르면서 점차 그 규율이 해이해져 처음 자신들이 비판했던 성직자들과 다를 바 없는 행태를 보이게 되었는데, 이후 베네딕토회의 본래 모습을 되찾자는 취지로 1098년 프랑스 동부에서 시토 수도회Cistercians가 출범하게 되었다.

그러나 시토 수도회 역시 수백 년의 시간이 지나는 동안 초심을 잃게 되었다. 이에 대한 반성으로 19세기 말, 노르망디의 라 트라프La Trappe 수도원의 수도사들은 시토 수도회의 규율을 엄격하게 지키자는 취지에서 엄률 시토회라 불리는 수도회를 만들게 되었다. 이 수도회는 Ordo Cisterciensis Strictioris ObservantiaeOCSO라는 긴 정식 명칭을 갖게 되었는데, 사람들은 이 수도회를 그들의 출신지역에서 따온 트라피스트Trappists라는 호칭으로 부르게 되었다. 이것이 바로 오늘날 우리가 알고 있는 트라피스트회의 등장 배경이다. 이들은 폐쇄적인 환경에서 천여 년 전 선배들이 그러했듯 원칙에 근거한 레시피로 맥주를 만들기 시작했다.

하지만 그동안 수도원 바깥의 상황은 빠르게 변해가고 있었다. 맥주 양조 주체가 수도원 바깥의 상공업자들과 자본가들이 세운 맥주회사로 넘어가면서 세속화가 진행되었고 종교시설의 입지가 좁아짐에 따라 수도원 내에서 소규모로 생산되던 맥주는 과거의 단편에 불과하게 되었다.

제2차 세계대전이 종결된 이후, 독일과 프랑스의 접경지대에 있었던 벨기에의 많은 수도원들은 포격과 폭격 등으로 인해 파괴된 곳이 많았고 이들 수도원은 파괴된 시설을 수리하기 위한 자금이 절실했다. 맥주회사들은 이러한 수도원의 사정을 놓치지 않았다. 수도원 이름을 빌리거나 없어진 수도원의 이름을 아예 사는 방식으로 수도원 맥주를 표방한 벨기에 에일을 생산해 판매하기 시작했다. 이들은 수도원 이름을 붙였을 뿐, 실제로는 공장 생산라인에서 분주하게 출하되는 많은 벨기에 에일 중 하나였다. 즉, 수도원에서 생산된 맥주에 대한 신비로움, 그리고 장인정신이 들어있다는 긍정적인 이미지가 단순한 마케팅 포인트로 변한 것이다.

오르발 수도원의 폐허. 트라피스트 맥주를 양조하는 수도원인 오르발 수도원 역시 프랑스 혁명 중 파괴된 적이 있다. 이곳은 현재 재건되어 자체 맥주를 생산하지만 많은 수도원 맥주들은 근대화 과정에서 상업화되는 것을 피하진 못했다.

트라피스트 인증의 탄생

점차 무늬만 수도원인 맥주들이 시장에 범람하기 시작하자, 실제 수도사들이 양조 과정에 참여해 '진짜 수도원 맥주'를 만드는 수도원, 특히 트라피스트회 수도원은 맥주회사의 부당한 행위에 분노하게 되었다. 결국 1997년 트라피스트회에 속한 벨기에, 네덜란드, 독일 등지의 8개 수도원이 한 자리에 모여 국제 트라피스트 협회International Trappist Association; ITA를 결성했고 이들 수도원은 진정한 트라피스트 생산품에만 부여하는 로고인 ATPAuthentic Trappist Product 인증을 시행하기로 합의한다. 이 인증제도는 맥주, 치즈 등 다양한 생산품에 적용되는데 맥주의 경우 아래의 요건을 충족해야 육각형 모양의 ATP 마크를 받을 수 있다.

- 트라피스트 맥주는 트라피스트 수도원 경내에서 만들어져야 하며, 수도사들이 손수 양조하거나 또는 수도사들의 감독 하에 양조되어야 한다.
- 양조 업무는 수도원에게는 부차적인 업무여야만 하며, 양조장의 경영은 수도원의 방침에 부합되어야 한다.
- 양조장은 결코 이윤 창출을 위해 사용되어서는 안 되며, 시설 유지비와 수도사들의 생활비를 초과하는 수익은 기부나 사회사업에 활용되어야 한다.

ATP 로고의 모습

육각형 모양의 ATP 마크는 소비자들에게 중세 시대부터 내려온 전통을 지켜 만들어진 '진짜 수도원 맥주'라는 점을 알리게 되었지만, 이것으로 모든 문제가 해결되지 않았다. 막대한 수입을 보장해주는 ATP 마크를 받은 수도원 중 일부에서는 양조장의 운영방향을 둘러싼 분쟁이 생겨났고, 몇몇 수도원은 ATP 요건을 어기면서 이윤 창출에 활용했다. 결국 ATP의 공신력을 유지하기 위해서는 협회 자체적으로 자정작용이 필요해졌고 이 과정에서 몇몇 수도원은 ATP 마크를 박탈당했다. ITA의 원년 멤버였지만 지나친 상업화로 인해 6년간 인증을 박탈했다가 재인증을 받아야 했던 라 트라페La trappe의 경우가 그 예이다. 이렇듯 ATP 인증을 받은 수도원 브루어리의 수는 매년 변화하는데 2018년 기준 ATP 인증을 받은 트라피스트 수도회 맥주는 다음과 같다.

ATP 인증 트라피스트 브루어리 목록*

맥주 이름	수도원	국적	가입연도	비고
오르발Orval	오르발 수도원	벨기에	1997	원년 멤버
쉬메이Chimay	노트르담 수도원	벨기에	1997	원년 멤버
베스트블레테렌 Westvleteren	성 식스투스 수도원	벨기에	1997	원년 멤버
로쉐포르트Rochefort	로쉐포르트 수도원	벨기에	1997	원년 멤버
베스트말레Westmalle	베스트말레 수도원	벨기에	1997	원년 멤버
아헬Achel	성 베네딕트 수도원	벨기에	1997	원년 멤버
라 트라페La Trappe	쾨닉스호벤 수도원	네덜란드	1997**	원년 멤버
슈티프트 엥겔스젤 Stift Engelszell	엥겔스젤 수도원	오스트리아	2012	
스펜서Spencer	성 조셉 수도원	미국	2013	
쥔더르트Zundert	투브뤼흐트 수도원	네덜란드	2013	
트레 폰타네Tre Fontane	트레 폰타네 수도원	이탈리아	2015	
틴트 미도우Tynt Meadow	성 버나드산 수도원	영국	2018	

* 카르데냐Cardeña 수도원(스페인), 몽데캇Mont des Cats 수도원(프랑스)은 현재 트라피스트 협회 회원으로서 맥주를 생산하고 있지만, 수도원 경내에 양조장을 보유하고 있지 않아 ATP 인증에서 제외되었다.

** 라 트라페의 경우 원년 멤버였으나 1999년 지나친 상업화로 ATP 인증을 박탈당해 2005년 재인증을 받았다.

수도원 맥주(트라피스트 맥주)의 종류

트라피스트 협회 초기에는 1곳을 뺀 나머지 맥주 양조 수도원들이 모두 벨기에에 있었기 때문에 트라피스트 맥주를 포함한 수도원 맥주는 벨기에 에일의 한 종류라는 이미지가 강했다. 하지만 2010년대 들어 미국, 이탈리아, 영국 등 다양한 국가 수도원들이 트라피스트 협회 회원으로 가입하면서, ITA 내 벨기에 수도원과 비非벨기에 수도원의 비율이 거의 동등해졌다. 이들 수도원 중 각 지역의 색채가 묻어나는 레시피로 맥주를 만드는 곳도 생겨나면서 '트라피스트 맥주 = 벨기에 에일'은 오늘날 틀린 공식이 되었다. 그 뿐만 아니라 수도원 맥주의 성공 사례를 지켜본 이웃 국가의 수도원에서도 트라피스트 협회의 사례를 참고하며 자체적인 수도원 맥주를 만들기 위해 시도하고 있다.

그럼에도 불구하고 2019년 초 한국에서 쉽게 구할 수 있는 트라피스트 맥주와 수도원 맥주는 벨기에에서 생산된 것들이 많다. 그래서 현재 이 책을 읽는 독자들에게 참고가 되도록 벨기에 수도원 맥주 스타일을 소개하고자 한다. 참고로 트라피스트 맥주는 수도원 맥주 중 수도원 본연의 청빈함을 갖춘 트라피스트 수도원 맥주에 부여되는 타이틀일 뿐, 풍미 면에서는 일반 수도원 맥주와 근본적으로 다르지 않다.

벨기에 수도원 맥주는 크게 두 가지 방식의 스타일 체계를 가지고 있으며 브랜드에 따라 이 두 가지 체계를 혼용하는 경우도 있다. 첫째는 블론드(벨지안 페일 에일), 브라운(두벨)으로 분류해 생산하는 경우이다. 이러한 분류법은 상업적인 수도원 맥주(애비 에일)가 주로 택하고 있는 방식이지만, 트라피스트 역시 두벨의 하위 맥주로 블론드를 생산하는 경우가 있다. 이 분류법은 수도원 맥주 **레페**Leffe를 포함, **마레드수스**Maredsous, **아베이 돈**Abbaye D'Aulne 등에서 사용된다.

둘째는 트라피스트 맥주들이 주로 채택하고 있는 방식으

로, 엥켈enkel–두벨dubbel–트리펠tripel–쿼드루펠quadrupel로 이어지는 4단계 분류법이다. 이는 영어 단어 single–double–triple–quadruple에 대응되며, 단계가 높아질수록 도수가 상승한다.

- **엥켈:** 수도원 내에서 수도사들이 실생활에서 음용할 수 있도록 만들어진 엥켈은 4도대 후반에서 6도 정도에 걸친 비교적 낮은 도수다. 전반적인 풍미는 비슷한 도수 대의 벨지안 블론드와 비슷하다. 다만 생산 목적이 명확한 만큼 대외적으로 판매하는 경우가 거의 없고, 일부 수도원을 방문했을 때 시음할 기회를 얻을 수 있다.
- **두벨:** 엥켈의 풍미와 도수를 한층 끌어올린 형태로 6도 초반에서 7도 중반까지의 알코올 도수를 보인다. 짙은 갈색에 강한 토피 계열의 맥아와 건포도, 슈가 캔디 등의 단 향미가 스파이시한 홉과 함께 드러나며, 트리펠과 더불어 수도원 맥주의 주력을 차지하고 있다. 브라운(또는 브륀Brune), 벨지안 다크 에일 등 여러 이명을 가지고 있는데, 벨지안 스트롱 에일 중 인지도가 높은 **듀벨**Duvel과는 다른 맥주다.
- **트리펠:** 트리펠은 두벨과 달리 거품이 넘실대는 밝은 황금빛이 매력적인 맥주지만 도수는 두벨보다 강한 7도 중반에서 9도 사이이다. 강한 풍미가 특징인 두벨과 달리, 높은 도수에도 불구하고 캐러멜, 꿀에 절인 배 등 산뜻함과 달콤함을 느낄 수 있다.
- **쿼드루펠:** 와인이 연상되는 진한 자줏빛의 쿼드루펠은 8도에서 12도 정도로 매우 높은 도수를 가지고 있다. 맥주 정보를 소개하는 사이트에서는 벨지안 스트롱 다크 에일이라는 표현을 쓰는 경우도 많다.

추천 맥주

마레드수스 브륀Maredsous Brune

- ABV: 8.0%
- 분류: 두벨(애비 에일)
- 제조사(국가): 듀벨 무르트가트 브루어리(벨기에)

듀벨 무르트가트 브루어리가 1960년대부터 마레드수스 수도원으로부터 상표권을 허락받아 상업적으로 생산하고 있는 두벨. 씁쓸한 산미감과 탄내가 섞인 건자두 아로마가 복합적으로 느껴진다.

베스트말레 트리펠Westmalle Trappist

- ABV: 9.5%
- 분류: 트리펠(트라피스트 에일)
- 제조사(국가): 베스트말레 트라피스트 브루어리(벨기에)

베스트말레의 트리펠은 풍미도 풍미지만, 금빛의 스트롱 페일 에일을 가리켜 '트리펠'이라고 명명한 최초의 맥주라는 점에서 의의가 있다. 포근한 거품과 꿀에 절인 배를 연상케 하는 달콤한 맥아가 인상적이다.

쉬메이 블루Chimay Blue

- ABV: 9.0%
- 분류: 쿼드루펠(트라피스트 에일)
- 제조사(국가): 쉬메이 브루어리(벨기에)

벨기에 스코르몽에 위치한 노트르담 수도원에서 1948년 크리스마스 기념으로 만들었다. 캐러멜 마키아토를 농축시킨 듯 육중한 크리미함과 달콤함이 주가 되며, 약간의 스파이시함이 덤으로 주어진다.

오르발Orval

- ABV: 6.2%
- 분류: 벨지안 페일 에일(트라피스트 에일)
- 제조사(국가): 오르발 브루어리(벨기에)

앞서 설명한 트라피스트 에일의 분류법에서 벗어나는 독특한 콘셉트의 에일이다. 과일과 허브 계통의 아로마에 야생 효모 브렛brett을 이용하여 가죽 제품 등에서 나는 독특한 향미를 낸다.

맥주 계의 끝판왕, 베스트블레테렌 12

맥주 마니아들 모두가 공감할 수 있는 진정한 '끝판왕' 맥주는 무엇일까? 이 기준에 해당하는 맥주는 단순히 맛이 뛰어날 뿐 아니라, 희소성에서 오는 신비주의 역시 어느 정도 포함하고 있어야 한다. 이러한 차원에서 마니아들이 손꼽는 맥주는 바로 트라피스트 맥주 중 베스트블레테렌에서 생산하는 맥주다.

이 수도원에서 생산하는 맥주는 블론드, 8, 12로 3가지 종류인데 이 중에서 쿼드루펠에 해당하는 12가 바로 마니아들이 꼽는 '죽기 전에 꼭 마셔봐야 할 맥주'다. 이 맥주는 맛이 훌륭하지만 적은 생산량 탓에 마시고 싶을 때 마실 수 있는 맥주가 아니다. 심지어 벨기에 현지에 찾아가서도 구하지 못하는 경우도 왕왕 있다고 한다. 다행히도 최근에는 대형마트를 중심으로 물량이 풀리고 있어 타이밍만 잘 맞춘다면 입수 난이도가 다소 낮아진 편이라는 점이 위안거리다.

여타 맥주들과 달리 ATP 로고와 맥주 이름만이 적혀 있는 흑백 라벨만 소박하게 붙어 있지만, 작은 병 하나에 어지간한 맥주 두어 박스를 구매할 만한 가격을 자랑한다.

와일드 에일Wild Ale

앞서 여러 다양한 맥주들을 살펴보았지만, 사용되는 효모 종류가 어느 정도 정해져 있어 큰 틀에서는 유사한 특성을 보인다. 하지만 이 장에서 살펴볼 와일드 에일은 전통적인 맥주용 효모로 발효하는 게 아니라, 다양한 미생물을 활용해 일반적인 맥주와는 판이하게 다른 풍미를 가진다. 오랫동안 람빅을 필두로 한 고전적인 와일드 에일은 맥주의 역사에서 변방의 자리에 놓여 있었다. 그러나 크래프트 맥주 산업이 성숙기에 접어든 2000년대 이후 개성적인 와일드 에일이 새롭게 생산되면서, 사우어 에일과 같은 몇몇 와일드 에일은 오늘날 펍에서도 비교적 쉽게 만날 수 있게 되었다.

맥아즙과 발효에 관여하는 미생물 종류에 따라 조금씩은 차이가 있지만, 많은 와일드 에일 풍미의 가장 큰 특징은 바로 '시큼한 맛'이다. 일반적인 맥주 양조 과정에서 신맛이 잡균의 유입을 의미해 맥주를 망친 것으로 간주되는 것과 달리, 와일드 에일은 브레타노마이시스 Brettanomyces, 속칭 브렛이라 불리는 효모나 젖산균 등 시큼한 맛을 내는 미생물을 적극적으로 활용한다. 모든 와일드 에일이 신맛을 내지는 않지만, 오늘날 상업적으로 유통되는 상당수의 와일드 에일은 시큼한 풍미를 전면에 내세우는 사우어 에일Sour Ale에 속한다고 볼 수 있다.

람빅Lambic과 괴즈Gueuze

과학적인 양조법이 도입되기 전부터 대부분 양조장은 맥주의 풍미를 똑같이 만들기 위해 효모를 일정하게 유지하고자 했고, 잡균이 섞이지 않도록 최대한 노력하는 게 상식이었다. 하지만 벨기에의 람빅은 발효에 사용되는 효모 사용을 통제하지 않았다. 바로 이것이 람빅과 일반적인 맥주의 근본적인 차이점이다.

드리 폰타이넌과 더불어 대표적인 람빅 양조장으로 여겨지는 칸티용 브루어리의 괴즈

람빅을 양조할 때 발효를 주도하는 것은 양조장 근방에 떠다니는 야생 효모다. 이들 양조장에서 와일드 비어를 양조할 때는 바람에 날려 온 야생 효모와 잡균들이 자연스럽게 발효에 개입하게끔 한다. 이때 흔히 브렛이라는 와인 발효에 쓰

이는 균류, 그중에서도 야생 효모 람비쿠스Lambicus와 유산균 등이 맥아즙에 정착한다.

보리 맥아와 밀 맥아, 그리고 충분히 묵힌 홉을 바탕으로 만드는 람빅은 식초와 같은 산미감, 꿉꿉한 맛, 그리고 특정 치즈에서 느껴지는 구린내에 이르기까지 발효에서 비롯된 매우 복합적이고 미묘한 풍미를 갖고 있다. 이처럼 일반 맥주와는 확연히 다른 '야생적'인 맛으로 인해 람빅은 주류 맥주 스타일에 비해 대중성은 높지 않다. 게다가 인근의 야생 효모 종류가 무엇이냐에 따라 맥주의 맛이 달라지므로, 한 번 지어진 양조장을 쉽게 확장하거나 이전하기 어렵다. 이런 이유로 람빅은 오랫동안 벨기에 일부 지역의 영세한 규모의 양조장에서만 만들어져 왔다. 람빅의 대중화를 가로막는 요소이기도 했지만, 람빅의 우연성과 희소성에 반한 마니아들이 생겨나는 이유가 되기도 했다.

언블랜디드Unblended라는 명칭으로 불리는 람빅 원액은 현지 양조장 시음 프로그램 정도에서나 접할 수 있는 수준에 그치며, 우리가 시중에서 접하는 람빅은 블렌딩된 람빅을 의미하는 괴즈Gueuze다. 미숙성된 람빅과 숙성된 람빅을 조합해서 만드는 괴즈는 미처 발효되지 않은 람빅의 당과 오래된 람빅의 산미감, 효모의 풍미가 샴페인을 연상케 하는 가벼운 탄산 속에서 어우러지면서 독특한 맛을 낸다. 그보다 더욱 흔하게 우리가 접할 수 있는 대형 마트의 람빅은 대중성을 위해 과일즙을 첨가한 프루트 람빅Fruit Lambic에 속한다. 체리가 첨가된 크릭Kriek, 라즈베리가 첨가된 프람부아즈Framboise, 복숭아가 첨가된 뻬슈Peche가 대표적이며 그 외에도 사과, 포도, 파인애플, 자두, 레몬 등 다양한 과일 맛을 가진 프루트 람빅이 생산되고 있다.

전 세계의 '맥덕'들이 구해낸 람빅 양조장

벨기에산 와일드 비어를 가리키는 람빅은 호불호가 갈리는 특유의 향미 때문에 현지에서도 대중적인 인기가 있는 편은 아니다. 람빅을 마시는 벨기에인들도 원액을 마시지는 않고 설탕이나 캐러멜 등을 첨가한 파로Faro라는 형태로 람빅을 즐길 정도다. 하지만 그런 만큼 람빅은 맥주 애호가들에게는 그야말로 '덕질'의 종착점이라고 불릴 정도로 컬트적인 인기를 자랑한다. 이들은 연간 생산량이 극히 한정되어 있는 람빅 맥주와 전통 있는 람빅 양조장을 멸종위기종으로 지정된 동식물처럼 애지중지하며 이를 자랑스러워하기까지 한다.

이들의 람빅 사랑을 가장 잘 보여주는 사례가 바로 드리 폰타이넌3 Fonteinen 양조장 폭발 사고이다. 1883년 창립된 이 양조장은 벨기에 각지에서 만들어진 람빅 원액들을 블렌딩하여 최고의 괴즈로 만들어내는 곳으로 명성 높았는데, 2009년 온도 자동 조절 장치의 고장으로 발효 중이던 수천여 병의 맥주들이 터져버리는 큰 사고를 겪고 말았다. 이 폭발로 인해 당시 숙성 중이던 5만 리터의 맥주가 모두 산패해버려 이 양조장은 하루아침에 파산 위기에 내몰리게 되었다. 이 소식을 들은 전 세계의 람빅 애호가들은 사고 현장 수습을 위한 자원봉사단까지 꾸려 현지에 갔고 십시일반 구호금을 모아 양조장의 재건을 지원했다. 여기에 드리 폰타이넌에 람빅을 납품하던 여타 양조장들의 도움과 산패된 람빅을 증류해 만든 술인 아르망 스피리Armand' Sprit를 만들어 부활에 성공하여 예전으로 돌아갈 수 있었다.

아메리칸 와일드 에일American Wild Ale

오늘날 크래프트 맥주의 저변이 확대됨에 따라 와일드 에일은 벨기에뿐만 아니라 크래프트 맥주의 고장 미국에서도 활발하게 양조되는 맥주가 되었다. 양조장이 위치한 특정 지역에 국한되는 벨기에의 와일드 에일과 달리 미국의 와일드 에일은 람빅의 특징을 표현해 주는 브렛과 같은 특정 효모와 미생물들을 배합하여 활용하고 있다. 일반적인 맥주 효모 이외의 다양한 미생물들을 사용하는 것이 와일드 에일의 정체성인 만큼, 미국식 와일드 에일은 미생물의 배합과 첨가물의 종류에 따라 다양한 풍미를 보이는 것이 특징이다.

플랜더스 에일Flanders Ale

플랜더스라는 지명은 개와 소년의 아름다운 동화와 관련된 지명으로 우리의 머릿속에 아로새겨져 있는 장소이기도 하다. (이 글을 읽는 누군가에게는 〈심슨 가족〉의 안경 낀 아저씨 이름이 먼저 떠오를지도 모르겠다!) 플랜더스라는 지명은 세계사를 배운 사람들에게는 플랑드르라는 지명으로 더 익숙할 거다. 이곳은 중세 이래 상공업이 발달했던 벨기에 북부지방을 가리키는데 다른 벨기에 지방 에일과 또 다른 특이한 맥주가 생산되고 있고 이를 플랜더스 에일이라 부른다. 지명이 맥주 스타일에 들어가는 만큼 지리적 표시제의 보호를 받는 종류로, 타지역에서 플랜더스 에일을 양조할 때에는 보통 사우어 에일이라는 표기를 사용한다.

여러 플랜더스 에일 중 가장 유명한 것은 플랜더스 레드 에일이다. 조금 붉은 기가 돌고 앰버 에일에 가까운 영미권 레드 에일과 달리, 이 지방의 레드 에일은 일반 효모가 아닌 젖산균(유산균)을 발효 과정에 이용하는데 맥아즙과 과즙을 함께 오크통에서 숙성하는 등의 제조공법을 보면 포도주 공정이 연상된다. 젖산균이 발효에 관여하는 만큼, 실제로 맛의 측면에서는 숙성된 홍초가 연상될 정도로 시큼한 맛을 느낄 수 있다.

베를리너 바이세 Berliner Weisse

베를린의 지역 특산주인 베를리너 바이세는 17세기경부터 양조 기록이 남아 있는 오랜 역사를 가진 밀맥주이자 사우어 에일이다. 젖산균을 통한 발효로 레몬 등의 느낌을 가진 시큼함이 전면에 드러나며 맥아나 홉, 풍미의 존재감은 거의 느껴지지 않는 편이다. 이러한 독특한 풍미 덕에 베를리너 바이세는 원상태 그대로 마시기보다 다양한 맛의 시럽을 첨가하여 마시는 독특한 전통이 있다. 이 장에서 소개하는 여러 사우어 에일이 그러하듯 이 맥주 역시 취향을 많이 타는 편이지만, 3도 내외의 낮은 알코올 도수와 청량감, 높은 발효율 덕분에 뒷맛이 깔끔한 편이라 더운 여름날 별미로 즐길만하다.

고제 Gose

고제 맥주는 원래 산지인 라이프치히 근처의 마을 고슬라Goslar라는 지명에서 유래했다. 평범해 보이는 겉보기와는 달리, 여느 독일 맥주와는 판이하게 다른 특징을 가졌다. 고제는 여타 와일드 비어들과 비슷하게 특정 효모를 이용한 발효가 아닌 공기 중에 떠다니는 효모를 이용한 즉흥 발효를 통해 만들어졌지만, 밀 맥아와 고수 종자가 들어간다는 점 등에서는 벨지안 화이트와 유사한 특성을 보인다.

베를리너 바이세와 마찬가지로 젖산 발효를 이용하므로 바늘로 볼을 콕 찌르는 듯한 시큼한 맛이 전반적인 인상을 형성하지만, 밀 맥아의 영향으로 목 넘김은 부드러운 편이다. 또한 첨가물인 고수 종자와 소금(소금은 염분이 많은 라이프치히 일대의 광천수의 특징을 반영하기 위해 첨가된다) 덕분에 고제의 시큼함이 증폭됨과 동시에 특유의 향미를 갖게 된다.

추천 맥주

린데만스 뻬슈레제Lindemans Pêcheresse

- ABV: 2.5%
- 분류: 람빅(뻬슈레제)
- 제조사(국가): 린데만스 브루어리(벨기에)

린데만스는 람빅을 전문으로 생산하는 벨기에 브루어리다. 뻬슈레제는 복숭아가 주요 첨가물로 들어간 람빅을 의미한다. 대형 마트에서 쉽게 구할 수 있을 뿐 아니라 진한 복숭아 향미와 가벼운 탄산이 주가 되어서 람빅 입문용으로 좋다.

두체스 드 부르고뉴Duchesse de Bourgogne

- ABV: 6.0%
- 분류: 플랜더스 레드 에일
- 제조사(국가): 페어해게 브루어리(벨기에)

플랜더스 레드 에일 중 대표적인 맥주로 손꼽힌다. 홍초 계열의 아로마가 느껴지며, 목구멍을 쑤시는 듯한 새콤함과 탄산이 인상적이다.

하이브리드 맥주Hybrid Beer와 그 외의 맥주들

맥주는 흔히들 라거와 에일 두 종류로 나누어진다는 것이 일반적인 상식처럼 통용되지만, 어느 한쪽에 속한다고 말하기 모호한 맥주들도 존재한다. 즉, 상면발효용 효모를 하면발효 방식으로 발효, 숙성시키거나 그 반대의 방식으로 만든 맥주들이 그러하다. 이러한 맥주를 가리켜 하이브리드 맥주라 부른다.

이번 장에서는 앞 장에서 분류하기 어려운 특별한 맥주들을 따로 소개해 놓았다. 이들 맥주들은 풍미에 있어 공통점은 없지만 저마다의 사연과 배경을 가지고 있어 맥주를 좋아하는 이들이라면 시도해볼 만한 맥주들이다.

쾰쉬 Kölsch

대표적인 쾰쉬 맥주 중 하나인 가펠 쾰쉬의 쾨베스

독일 쾰른Köln 지방의 쾰쉬 맥주는 19세기 유럽의 맥주 양조장들이 직면했던 '필스너의 등장'이라는 역사적 시련 속에서 태어난 혁신적인 맥주다. 당시 황금빛 맥주에 전 유럽이 열광하던 시기에도 쾰른 지방은 다른 지역과 비슷하게 어두운 빛의 에일 맥주를 생산하고 있었다. 그러다 황금빛 맥주와의 시장 경쟁에서 지역 맥주가 도태될 지경에 이르자, 살아남기 위해 새로운 맥주를 만들기로 했다. 이들이 택한 방식은 독특했는데, 바로 상면발효용 에일 효모를 저온에서 장기간 발효하는 하면발효 양조 방식을 사용한 것이다. 이 성공으로 황금빛을 띠면서도 에일에서 느껴지는 향긋한 아로마를 간직한 새로운 맥주, 쾰쉬가 세상에 등장하게 되었다. 이 특이한 맥주는 최초의 하이브리드 맥주 중 하나로 성공을 거두어 쾰른 지방 맥주 업계는 재기의 발판을 마련했다. 현재 쾰쉬는 쾰른의 지리적 특산물로 유럽연합에서 인정받고 있으며, 이 때문에 독일 쾰른에서 생산된 맥주만이 쾰쉬라는 명칭을 사용할 수 있다.

겉보기에는 페일 라거와 별 차이가 없어 보이는 쾰쉬는 가벼운 바디감을 바탕으로 페일 라거의 청량감을 빼닮았다. 그러나 꽃과 과일향을 바탕으로 한 은은하지만 분명하게 느껴지는 아로마는 블론드 에일을 연상하게 만든다. 실제로 오늘날 만들어지는 쾰쉬는 기능적으로는 여전히 하이브리드 맥주로 분류되지만, 실제 풍미 측면에서는 블론드 에일과 구분이 어렵다.

쾰쉬는 200ml 사이즈의 길쭉한 원통형 잔을 사용하며, 이러한 작은 잔을 동시에 10개씩 나를 수 있는 신선로 모양의 맥주 캐리어 쾨베스Kobes로 서빙한다. 쾰른의 브로이하우스에서 쾨베스에 가득 담긴 쾰쉬 맥주를 서빙하는 종업원의 모습은 이 지역에서만 볼 수 있는 이색적인 풍경이기도 하다. 현재 국내에 판매되는 가장 유명한 쾰쉬 맥주는 **가펠**Gaffel과 **프뤼**Früh다.

알트비어Altbier

쾰른에서 그리 멀리 떨어져 있지 않은 도시 뒤셀도르프Düsseldorf의 지역 맥주 알트 역시 쾰쉬처럼 필스너에 대응하기 위해 등장한 스타일이다. 영어로는 old로 번역되는 알트라는 명칭은 2주 내외로 발효 과정을 마치는 일반적인 에일과 달리 2~3개월간의 장기 저온 숙성을 거쳐 완성되는 특성에서 비롯되었다.

이렇듯 에일을 장기 저온 숙성 방식으로 만든다는 점, 그리고 200ml 내외의 작은 원통형 잔에 따라 나오는 점을 보면 알트와 쾰쉬는 비슷한 점이 제법 많다. 그러나 사용되는 맥아의 배합 차이로 인해 블론드 에일을 연상케 하는 산뜻한 맛을 가진 쾰쉬와 달리 알트는 떫은맛, 견과류

맛, 그리고 정돈되지 않은 여러 로스팅된 아로마가 뒤엉켜 있는 경향을 보인다. 그래서 크래프트 맥주 업계에서는 트렌디한 쾰쉬를 더 쳐주는 경향이 있으나, 야생미가 느껴지는 알트의 매력을 옹호하는 사람도 제법 있다.

발틱 포터Baltic Porter

발틱 포터는 원조 포터가 한창 수출 맥주로 명성이 높아지던 18세기경 생겨난 포터의 아종이다. 당시 포터는 원조국인 런던뿐만 아니라 선원들을 통해 발트해 일대의 스칸디나비아 및 동유럽에 전파되었는데, 추운 기후를 가진 국가에서 큰 인기를 끌었다. 이내 포터를 직접 만들고자 하는 사람들이 생겨났고 이들은 영국식 포터와 달리 하면발효 효모를 넣은 레시피를 채택했다. 이렇게 만들어진 맥주가 바로 발틱 포터다. 영국보다 추운 지방에서 생산된 맥주답게 건포도와 커피 등을 연상케 하는 진한 맥아와 7도 내지 8도 내외의 높은 도수를 가졌다.

스팀 비어Steam Beer

캘리포니아California 지역 맥주인 스팀 비어는 19세기 서부 개척시대를 배경으로 탄생하였다. 스팀 비어를 만드는 양조장들은 맥아즙을 끓인 뒤 빠르게 식히기 위해 태평양에서 캘리포니아로 불어오는 바닷바람을 이용하였는데 이때 엄청난 양의 수증기가 양조장 밖으로 피어올랐고 바로 이런 이유로 스팀 비어라는 별명을 갖게 되었다. 위에서 언급한 쾰쉬와 같은 하이브리드 맥주로 분류되며, 쾰쉬와 정반대로 하면발효 효모를 상면발효 환경에서 발효시켰다는 게 특징이다.

스팀 비어라는 스타일 자체가 맛을 좋게 하기 위한 노력이라기보다는 냉장고 보급이 더뎠던 19세기 시대적 상황에서 생겨났으므로 맥주의 장기 보관과 운송 기술의 발달로 주류 맥주 업계에서는 도태되었다. 단지 미국 서부의 정체성을 간직한 맥주로써 크래프트 업계에서 만들어지고 있을 따름이다. 한편 스팀 비어는 캘리포니아 커먼California Common이라는 이명을 가지고 있는데, 이는 스팀 비어라는 명칭이 지리적 표시제의 보호를 받아 타지역에서 생산된 스팀 비어 스타일 맥주들은 스팀 비어라는 명칭을 쓸 수 없기 때문이다.

스트롱 에일Strong Ale

스트롱 에일이라는 단어는 때와 장소에 따라 여러 맥주를 지칭했겠지만, 단어 그대로 '도수 강한 에일'을 뜻하는 것임은 분명했다. 오늘날 크래프트에서 말하는 스트롱 에일은 일반적인 에일류가 속한다고 여겨지는 알코올 도수인 5~7도를 넘기는 에일을 두루 가리킨다. 이러한 부류에 속하는 맥주는 임페리얼 스타우트, 더블 IPA, 도펠복 등을 포함해 여러 종류에 이른다. 하지만 마니아들이 생각하는 스트롱 에일은 보통 영국에서 유래했거나 영국의 영향을 많이 받은 고도수 에일과 벨기에의 고도수 에일을 가리키는 경우가 많다.

가장 대표적인 스트롱 에일로는 영국에서 유래한 발리 와인, 올드 에일, 그리고 스코틀랜드의 스카치 에일과 위 헤비 그리고 벨기에의 트라피스트 맥주들과 스트롱 페일 에일 등이 꼽힌다. 어두운 색상과 무거운 바디감, 그리고 상당히 강한 알코올 향미와 맥아 중심의 단맛을 특징으로 한 스트롱 에일은 일반적인 잔인 파인트가 아니라 손잡이 달린 스니프터, 튤립 등의 잔에 따라 마시는 것이 클리셰로 굳어져 있다. 그리고 윈터 워머winter warmer라는 별명이 암시하듯 스트롱 에일은 더운 여름에 시원하게 벌컥벌컥 마시기보다는 겨울철 추위를 녹이기 위해 만들어진 경우가 많다.

과일 맥주Fruit Beer와 향신료 맥주Spiced Beer

수많은 스타일들이 있는 맥주의 세계인 만큼 각종 과일과 채소향이 첨가된 맥주들 역시 흔한 편이다. 사과, 망고, 파인애플 등 다양한 과즙이 첨가된 과일 맥주들은 과즙의 향미 때문에 우리가 보통 생각하는 맥주의 풍미를 느끼기 힘들다. 오히려 과일 칵테일의 맛에 더 가까운 과일 맥주들도 있지만 부담 없이 취하고 싶은 사람들이 자주 즐겨 찾는 편이다. 한발 더 나아가 허브나 향신료 등이 들어간 향신료 맥주들도 있다. 향신료 맥주에 쓰이는 첨가물들은 허브, 커피, 초콜릿, 심지어는 고추나 생강 등 대부분 강한 향과 맛을 가진 경우가 많다. 이로 인해 맥아나 홉, 효모만으로 낼 수 없는 다양한 풍미를 부여하게 된다. 이 때문에 향신료 맥주들은 보통 맥주보다 더 쓰거나 맵고, 더 떫거나 향긋한 풍미를 가지게 되며 소비자들의 호기심과 도전정신을 자극하는 경우가 많다.

불길 속에서 탄생한 맥주, 라우흐비어Rauchbier

바이에른주에 있는 도시 밤베르크Bamberg에서 탄생한 라우흐비어는 긴 맥주의 역사 속에서도 '불길 속에서 탄생한 맥주'라는 유난히 드라마틱한 탄생 배경을 갖고 있다. 17세기경, 이 지역의 양조장 중 하나가 맥아를 볶는 중 부주의로 맥아를 홀라당 태우는 사고가 있었다. 일반적으로 볶는 수준을 넘어 타 버린 맥아를 그대로 사용하는 것은 마치 손님들에게 새까맣게 타 버린 밥을 내는 것과 같았지만, 그 양조장 사장은 매우 절박했던 모양이었다. 그는 재룟값이라도 보전할 생각으로 새까맣게 타 버린 맥아를 이용해 맥주를 만들었는데, 의외로 그 탄내가 섞인 맥주를 마신 손님들의 반응은 좋았다. 그렇게 해

독일 밤베르크에 위치한 슐렌케를라 양조장

서 최초의 훈제 맥주인 라우흐비어가 탄생하게 된 것이다.

훈제 맥주, 또는 연기 맥주smoked beer로 번역되는 라우흐비어의 가장 큰 특징은 바로 훈제에서 비롯된, 바비큐한 베이컨과 소시지를 연상케 하는 매우 특이한 아로마다. 여기에 상대적으로 풍만하고 촉촉한 맥아를 가진 포터나 스타우트와는 판이하게 달리 바싹 구운 빵을 연상케 하는 드라이한 맥아와 은은한 쓴맛은 어디서도 맛볼 수 없는, 밤베르크만이 가진 특별한 맥주다. 현재 국내에서 가장 유명한 라우흐비어 브랜드인 슐렌케를라Schlenkerla의 라우흐비어가 판매되고 있다.

FESTBIER

LAGER

DUNKEL

STOUT

ALT

PINT

PALE ALE

FESTBIER

LAGER

Weißbier.

Part 04

나만의 스타일을 찾아서 : 맥주 테이스팅

맥주와의 만남 준비하기

이 장은 맥주를 맛있게 즐기는 방법에 대해 다루고 있다. 맥주잔 고르는 법, 맥주 마시기에 좋은 적당한 온도에 대한 이야기부터 맥주를 최적의 조건에서 마실 수 있는 다양한 팁을 포함했다. 특히 이 파트는 650여 종의 맥주를 직접 시음하는 동안 느낀 점을 바탕으로 초보자들도 쉽게 테이스팅할 수 있는 방법을 담고자 했다. 한 가지 알아둘 것은 아래 내용은 맥주를 마실 때 반드시 지켜야 할 '법칙'이 아니라 '나만의 맥주'를 찾아가는 데 가볍게 참고할 만한 팁에 더 가깝다는 것이다.

맥주를 마시는 궁극적인 목적이 맥주에 관한 온갖 용어와 분류법을 암기하기 위해서는 아니다. 그저 맥주를 조금 더 깊이 알고, 마시는 데 있다는 것을 명심했으면 한다.

우선 맥주를 구하자

맥주 테이스팅을 하고자 한다면 우선 맥주를 구해야 한다. 그것도 여러 브루어리에서 만든 다양한 스타일의 맥주들 말이다. 블로그를 운영하면서 가장 많이 듣는 질문 중 하나가 바로 '이 많은 맥주들을 도대체 어디서 구할 수 있나요?'이다. 생각해보면 6년 전 첫 시음기를 블로그에 올렸을 때만 하더라도 수입 맥주를 구할 수 있는 곳이 지금처럼 많지 않았다. 국내에서 이렇게 다양한 크래프트 맥주를 구할 수 있을 거라고 상상도 못하던 때였다. 하지만 요즘은 크래프트 맥주 관련 인프라가 많이 좋아졌기 때문에 생각보다 많은 곳에서 처음 보는 맥주를 만날 수 있다.

▶ 편의점

우리 일상 곳곳에서 만날 수 있는 편의점은 군것질이나 도시락을 살 때뿐만 아니라 가장 가까이에서 다양한 맥주를 접할 수 있는 첫 번째 창구다. 편의점에서 판매되는 맥주는 하이네켄, 아사히, 밀러, 칭따오 등 대중적인 맥주들이 대부분이다. 그 종류 역시 부가물 라거, 유로피언 페일 라거로 대표되는 일반적인 페일 라거와 독일식 바이스비어다. 물론 최근에는 크래프트 브루어리에서 생산하는 다양한 페일 에일을 파는 경우도 많지만 여전히 종류의 다양성 측면에서는 한계가 있다.

하지만 편의점의 가장 큰 장점은 바로 접근성이다. 대부분 지역에서 주류를 구매할 수 있는 가장 간편한 장소는 편의점이다. 게다가 최근에는 맥주 수입업체들의 판촉이 활발해지면서 '4캔에 만 원'으로 가격 할인 행사가 항시적으로 이어지기 때문에 묶음 구매를 전제한다면 대형마트와의 가격 차이도 얼마 안 난다. 이런 점을 감안했을 때, 편의점은 맥주 입문자들이 다양한 맥주를 부담 없이 접할 수 있는 창구로 부족함이 없다.

▶ 대형마트

동네 편의점에서 판매하는 해외 맥주를 섭렵하고 나면, 그 다음 행선지는 자연스럽게 대형마트다. 그 종류를 바틀샵과 비교할 수는 없지만 최근 주목받고 있는 벨기에 에일과 수도원 맥주, 국내 크래프트 브루어리 맥주에 이르기까지 편의점에서 취급하지 않는 다양한 스타일의 맥주를 접할 수 있다.

물론 마트마다 맥주 종류가 같지는 않다. 널리 판매되는 유명 수입 맥주를 제외하고는 조금씩 라인업 차이를 보인다. 또한 수도권에 가까울수록, 마트의 규모가 클수록 판매되는 브랜드와 스타일 역시 다양하다. 어쩌다 낯선 마트에 들렀는데 못 보던 맥주가 눈에 띈다면 재빨리 장바

대형마트에 진열된 다양한 맥주들. 새로운 맥주를 가장 손쉽게 구할 수 있는 장소 중 하나다.

구니에 집어넣는 것이 바람직하다고 말하는 이유다.

대형마트의 또 다른 장점은 일반적인 맥주 이외에도 여러 형태의 맥주를 판매한다는 점이다. 건강 사정상 맥주를 마시기 어려운 환경에 처하거나, 색다른 느낌으로 맥주를 즐기고자 할 때 필요한 무알코올 맥주, 전용잔 패키지나 드래프트 캐그keg를 가장 구하기 쉬운 곳이 바로 대형마트다.

▶ 바틀샵

바틀샵은 주류 중에서도 특히 맥주에 특화된 판매점이다. 보통 대형마트와 비슷한 수준으로 다양한 병맥주를 보유하고 있는 것이 보통이고 희귀 맥주들을 한자리에서 구할 수 있다는 장점이 있다. 대형마트의 동일 제품과 비교하면 가격은 조금 비쌀 수 있지만, 대형마트에서 쉽게 찾아보기 힘든 스타일의 맥주를 더 수월하게 구할 수 있다. 또한 점원 역시 대형마트에 비해 전문성을 가지고 있는 경우가 많아, 찾고자 하는 맥주가 없더라도 비슷한 스타일의 맥주를 추천받을 수도 있다. 다만 한 가지 단점이 있다면 거의 모든 바틀샵은 수도권이나 광역시와 같은 대도시에만 있기 때문에 지방 거주자들이 일상적으로 방문해서 구입하기는 어렵다는 것이다.

▶ 생맥주 테이크아웃take-out 전문점

생맥주는 무조건 맥줏집에서만 즐길 수 있다고 여기던 시절이 있었다. 하지만 맥주 관련 업종이 다양해지는 과정에서 생맥주 테이크아웃 전문점이 하나 둘 생겨나면서 꼭 그런 것만도 아니게 되었다. 생맥주 테이크아웃 전문점은 케그에서 나오는 크래프트 생맥주를 바로 PET병이나 캔에 담아 포장해 판매하는 업소들이다. 이들 가게들은 앉아서 마실 수 있는 자리가 없을 정도로 매우 협소한 경우가 많지만, 보통 펍에 비해 저렴한 가격으로 크래프트 맥주를 살 수 있다는 장점이 있다. 다만 병입 방식의 한계로 인해 청량감을 유지하면서 보관할 수 있는 기한이 1~2일 내외로 짧다는 점은 아쉬운 부분이다.

▶ 맥주 축제와 주류 박람회

축제와 맥주는 떼어놓을 수 없는 관계라지만, 한국 축제에서 맥주의 입지는 어디까지나 특산 음식 옆 들러리 수준에 불과했다. 하지만 2013년 최초의 크래프트 맥주 축제인 그레이트 코리안 비어 페스티벌 GKBF이 열리기 시작한 이래, 전국 특히 수도권에서 맥주 그 자체가 주인공인 축제가 수시로 벌어진다. 국내외 크래프트 브루어리와 맥주 수입사들이 자사 맥주를 판매하고 홍보하는 축제에서는 왁자지껄한 분위기 속에서 다양한 브랜드의 맥주를 쉽게 만나볼 수 있다. 특히 수도권에서 멀리 떨어진 지방 브루어리도 참가하는 경우가 많기 때문에, 전국 곳곳에 흩어져 있는 크래프트 맥주를 한자리에서 만나볼 수 있다는 매력도 있다.

주류 박람회는 맥주를 즐기는 축제라기보다는 주류 산업에 관련된 종사자들이 주축이 되는 비교적 점잖은 행사에 가깝다. 하지만 최근 일반인 방문 비중이 늘어나면서 다양한 맥주 시음 및 구매 기회가 주어지고 있다. 또한 실제 맥주 업계 종사자들을 만날 수 있어 맥주에 관한 견문을 넓히는 데도 도움이 된다.

주류 박람회는 아직 수입되지 않은 새로운 맥주를 시음할 수 있을 뿐만 아니라 저렴한 가격에 구매할 기회도 제공한다.

▶ 외국인 거리(다문화 거리)

일상적이고 평범한 해외 맥주에 조금 질렸다면, 이태원, 안산 등 외국인들이 많이 사는 지역으로 찾아가 보자. 이 지역에는 외국인을 위한 식자재마트가 있어 현지에서 만날 수 있는 생소한 맥주를 발견할 수 있다. 영세한 업체에서 수입해오는 이들 맥주들은 보통 해당 지역 내에서 납품되며, 스타일이 다양하다고 말하기는 힘들다. 하지만 이국적인 맥주에서 느껴지는 독특한 분위기를 선호한다면 외국인 거리에서 구입하는 맥주는 신선한 경험을 선사해줄 것이다.

맥주잔, 이렇게 많았다니

유리잔이 대중화되고 황금빛 라거 맥주가 등장한 이래, 현대 맥주는 입뿐만 아니라 눈으로도 음미하는 대상으로 자리 잡게 되었다. 그 이유 때문인지 마트나 세계맥주 전문점을 방문하면 맥주의 종류만큼이나 잔의 종류가 무척 다양하다. 왜 이렇게 다양한 맥주잔들이 만들어지고 있는 걸까? 그 이유는 맥주의 풍미와 잔의 형태가 관련 있기 때문이다. 맥주는 맥아뿐만 아니라 홉의 아로마까지 함께 느껴야 제대로 즐길 수 있다. 하지만 평범한 잔에 마실 경우 맥주의 향기가 코까지 충분히 전해지지 않기 때문에 아로마를 온전히 즐기기 어렵다. 그런 이유로 향을 더 잘 모아주는 전용잔을 통해 맥주의 풍미를 더 끌어올리고자 하는 것이다. 그뿐만 아

다양한 맥주 스타일만큼이나 잔의 종류도 각양각색이다. 중요한 것은 수납공간을 고려해 실용적이면서도 자신이 즐겨 마시는 맥주에 적합한 잔을 구비하는 것이다.

니라 맥주의 맛만큼이나 브랜드의 위상이 중요해지면서 여러 회사가 자사의 전용잔을 브랜딩 수단으로 활용하기도 한다.

요컨대 맥주를 즐기기 위해서는 자신에게 맞는 맥주잔 하나 정도는 있어야 좋다. 그렇다면 시장에 넘쳐나는 수많은 맥주잔 중 어떤 맥주잔을 사야 할까? 물론 전용잔을 수납할 공간과 예산이 충분하다면, 마음껏 구입하는 것을 말리진 않겠다. 하지만 가볍게 맥주를 즐기는 사람이 아무 계획 없이, 단지 예쁘다는 이유만으로 전용잔을 사는 것은 그다지 추천하지 않는다.

전용잔이 들어간 세트는 한정판인 경우가 많아 가격이 비싸다. 게다가 깨지기 쉽고 무거운 전용잔이 늘어날수록 집 안에 보관하는 것도 만만치 않다. 물론 개개인 상황에 따라 다르겠지만 말이다.

맥주 입문자의 경우 특정 맥주 브랜드 전용잔보다 범용성이 높은 맥주잔을 사는 것이 유용하다. 에일을 담당하는 파인트와 라거를 담당하는 필스너용 잔을 구입하면 웬만한 맥주 종류는 소화할 수 있다. 그 뒤, 관심이 가는 맥주에 따라 해당 맥주에 특화된 잔을 구비하면 된다. 가령 벨기에 에일에 관심이 생기면 스니프터나 튤립을 구입하고, 바이젠에 관심이 생기면 바이젠 전용잔을 장만하면 되는 것이다. 아래는 가장 많이 사용하는 맥주잔 스타일이다.

▶ **파인트pint**

첫 인상은 밋밋하지만, 이내 그 단순함의 미학에 반하게 만드는 사다리꼴 원통 모양의 잔이다. 영국에서 유래되었으며, 영국과 미국에서 조금씩 다르게 진화해왔다. 현재 영국에서의 파인트 잔은 윗부분이 볼록한 568ml짜리 노닉 파인트nonic pint(왼쪽)를 의미한다. 반면 미국에서의 파인트 글라스는 밋밋한 원통형의 473ml짜리 쉐이커 파인트shaker pint(오른쪽)를 가리킨다. 영국을 배경으로 한 영화에 많이 등장하는 맥주잔으로, 영국에서 유래한 비터, 포터, 스타우트, 그리고 그 영향을 받은 미국의 페일 에일 계열과도 멋진 궁합을 이룬다.

파인트 잔의 가장 큰 장점은 가벼운 바디감에 도수가 높지 않은 대부분의 에일에 잘 어울린다는 점이다. 또한 디자인 역시 단순해 세척이 편리하고, 가정에서 다양한 용도로 사용할 수 있다.

호환성: ★★★★☆, 세척 용이성: ★★★★★

▶ 바이젠weizen

바이에른 지방에서 많이 쓰는 바이젠은 둥근 상단부가 두드러지는 가운데 부드러운 곡면을 가지고 있어 마치 월드컵 우승 트로피를 연상케 한다. 독일식 밀맥주인 바이스비어는 대부분 이 잔에 따라 마시는 것이 정석처럼 되어 있는데, 이는 바이스비어의 풍성한 거품이 잔 상단부의 둥근 부위에 집중되어 아로마를 더욱 뚜렷하게 느낄 수 있기 때문이다. 큰 사이즈는 전용잔으로만 판매되는 경우가 많지만, 작은 사이즈는 일반 식기류 가게에서도 쉽게 구할 수 있어 구입 난이도 자체는 높지 않은 편이다.

호환성: ★★★☆☆, 세척 용이성: ★★★☆☆

▶ 플루트flute

홀쭉한 파인트처럼 생긴 플루트는 필스너를 따를 때 쓰는 여러 잔 중 가장 일반적으로 통용되는 디자인이다. 하단부로 내려가는 선의 각도가 급하기 때문에 날카롭고 세련된 인상을 주는 플루트는 필스너뿐만 아니라, 청량감을 특징으로 하는 상당수의 페일 라거와도 잘 어울린다. 이 디자인을 기본 베이스로 하여 잔의 하단부에 짤막한 손잡이를 붙이거나, 잔의 단면에 곡선을 부여하는 경우가 있는데, 특히 후자의 경우 바이젠의 축소판이 아닐까 하는 생각이 들 때도 있다.

잔 바닥 직경이 좁아 세척 시에는 물병 청소용 솔이 필요해 다소 번거롭다. 하지만 페일 라거뿐만 아니라 칵테일, 스파클링 와인과 같은 풍미를 내는 사우어 에일 등의 독특한 맥주를 마실 때도 사용될 수 있어 의외로 호환성은 나쁘지 않다.

호환성: ★★★☆☆, 세척 용이성: ★★☆☆☆

▶ 스니프터snifter & 튤립tulip

잔 하부에 손잡이stem가 달려 있어 마치 와인잔을 연상케 하는 맥주잔들이다. 튤립은 스니프터와 유사한 효과를 노리기 위해 디자인되었지만 입이 닿는 부분이 살짝 벌어져 미적인 측면에서 화사함을 보여주기에 충분하다. 이런 형태의 잔들은 매우 높은 확률

로 벨지안 블론드, 벨지안 스트롱 등의 벨기에 에일과 어울린다. 하지만 더블 IPA, 도펠복, 발리 와인 등 고도수의 향미가 강한 맥주와도 제법 잘 어울리는 편이다.

호환성: ★★☆☆☆, 세척 용이성: ★★★☆☆

▶ 스타우트stout

영국식 다크 에일의 일종인 스타우트를 마실 때 사용하는 잔으로, 손잡이 부분이 비대해진 스니프터 같은 독특한 디자인이다. 원래 이 잔은 크리미한 거품을 생명으로 치는 스타우트의 풍미를 제대로 즐기기 위해 만들어졌지만, 의외로 바이스비어나 페일 에일 등 풍성한 거품을 중요하게 여기는 다른 에일과도 궁합이 좋은 편이다.

호환성: ★★★★☆, 세척 용이성: ★★★☆☆

▶ 고블릿goblet

성배를 뜻하는 고블릿(프랑스어로 샬리스chalice)은 스니프터나 튤립과 비슷하게 잔 손잡이가 달려 있지만 잔의 모양새가 반구형으로 되어 있어 유리잔이라기보다는 성배聖杯를 연상케 한다. 이러한 형태의 맥주들은 사실상 수도원 맥주인 애

비 에일을 따라 마시는 용도로 나오는 것이 보통이다. 스니프터에 비해 호환성이 부족하지만, 벨기에 에일을 좋아하는 사람이라면 하나쯤 갖고 있으면 좋다.

호환성: ★☆☆☆☆, 세척 용이성: ★★★★☆

맥주 맛은 청결에 달렸다

맥주잔의 청결 유지는 맥주의 풍미에 큰 영향을 미친다. 기본적으로 맥주에 함유된 단백질 성분은 컵에 남아 있는 기름기나 세제와 매우 민감하게 반응하는데, 이는 맥주의 핵심인 거품을 방해하는 요소다. 심하면 잔여물 냄새 때문에 맥주의 풍미가 왜곡되어 모처럼 산 비싼 맥주를 망치는 경우까지 생긴다. 반대로, 맥주잔을 청결하게 관리한다면 저렴한 부가물 맥주라 하더라도 의외의 맛을 선사해줄 수 있다. 즉 맥주를 제대로 즐기기 위한 첫걸음은 맥주잔을 청결히 하는 것이다.

맥주잔을 잘 씻기 위해서는 주류 박람회나 맥주 펍에서 쉽게 찾아볼 수 있는 컵 세척기를 사는 것도 하나의 방법이지만, 세척이 쉬운 맥주잔을 사용하되 부러운 스펀지에 충분히 거품을 내서 꼼꼼하게 닦아주는 것만으로도 충분하다. 이렇게 거품 칠한 맥주잔은 찬물로 헹구어 준 뒤 다시 따

뜻한 물로 헹구어 준다. 그런 뒤에는 그물망처럼 촘촘하게 구멍이 뚫린 건조용 매트나 물 빠짐이 가능한 선반에 엎어 컵 내부의 물기를 뺀다.

만약 여기서 한발 더 나아가 제대로 세척되었는지 알고 싶다면 소금을 이용하면 된다. 소금을 컵 안쪽에 골고루 뿌렸을 때 기름기나 세정제 성분이 남아 있는 부분에는 소금이 붙지 않기 때문에 새로 세척해야 한다는 것을 쉽게 알 수 있다.

맥주는 무조건 시원해야 할까?

맥주는 시원하게 마셔야 한다는 것은 아마 술을 마시기 시작할 때부터 우리에게 주입된 지식이기도 하다. 심지어 우리는 맥주는 무조건 차가워야 한다는 생각에 얼기 직전까지 냉각하는 것도 모자라 그렇게 만든 맥주를 꽁꽁 얼린 유리잔에 부어 마시기도 한다. 이는 탄산의 목 넘김에 많이 의존하는 미국식 부가물 맥주에 통용되는 방법이다. 앞으로 우리가 마시게 될 각양각색의 맥주에 일률적으로 적용하기에는 무리다. 맥주마다 중요하게 여기는 맛의 요소–맥아, 홉, 또는 탄산–에 따라 그 특성이 잘 발현되는 온도는 다르다. 맥주 스타일 별로 마시기 적절한 최적의 온도는 아래와 같다.

맥주를 마시기 좋은 온도

온도	하면발효(라거)	상면발효(에일)
4도 이하	미국식 부가물 맥주, 라이트 라거	
4~7도	필스너, 뮌헨 헬레스, 페일 라거	쾰쉬, 블론드 에일, 바이스비어, 벨지안 화이트
7~10도	다크 라거, 비엔나 라거	미국식 페일 에일(IPA 포함), 포터/스타우트, 둔켈바이젠
10~13도		영국식 페일 에일(비터), 벨기에 에일, 브라운 에일, 바이젠복
12~16도		임페리얼 스타우트, 발리 와인, 벨지안 스트롱, 도펠복

생소할 수 있는 여러 맥주 명칭들이 뒤섞여 있어 혼란스러울 수 있지만, 다음의 규칙을 따르고 있다는 것을 알면 좀 더 이해하기 쉽다.

첫째, 라거는 에일보다 차갑게 마셔야 한다.
둘째, 풍미가 깊고 색이 짙은 맥주는 덜 차갑게 마셔야 한다.

한 가지 알아둘 점은 어디까지나 일반적인 경향에 기반한 권장 사항일 뿐, 실제 맥주를 마실 때는 일일이 온도를 재가면서 마실 필요는 없다. 다만, 이따금씩 비싼 에일을 마시고 최적화된 온도를 중요하게 여기는 독자라면 비접촉식 레이저 적외선 온도계를 사두는 것을 권한다. 일반적인 온도계에 비해 빨리 온도를 잴 수 있고, 집에 하나쯤 비치해둔다면 꼭 맥주 마실 때가 아니라도 요리나 목욕할 때 요긴하게 사용할 수 있으니 말이다.

맥주 테이스팅tasting: 이론편

하루 일과를 마친 뒤 마트에서, 또는 바틀샵에서 전부터 눈여겨보던 낯선 맥주를 손에 넣는데 성공했다. 장바구니에서 부딪히는 맥주병 소리를 들을 때마다 힘겨웠던 하루를 맥주 한 잔으로 보상받을 수 있다는 생각에 가슴이 뛴다. 며칠 전 사서 깨끗하게 씻어 둔 맥주잔이 있고 테이스팅과 함께할 드라마도 이미 정해두었다. 이제 해야 할 일은 적절한 방식으로 새로운 맥주를 즐기는 것뿐이다.

A-A-F-M-O: 맥주의 풍미를 느끼는 순서

우선 낯선 맥주를 마시겠다는 용기를 낸 여러분에게 경의를 표한다. 낯선 것을 시도하는 일 자체에 재미를 느끼든, 아니면 그러한 과정을 통해서 나만의 '인생 맥주'를 찾기 위해서든 상관 없다. 늘 마시던 맥주가 아닌 처음 보는 맥주를 맛보는 일에 하루의 위안을 맡기겠다는 것은 생각보다 큰 도박이니 말이다. 이제 남은 숙제는 여러분 앞에 놓인 낯선 맥주 속에 숨겨진 맛을 끄집어내어 분석하고 분류하는 테이스팅 작업이다.

테이스팅은 맥주의 외견부터 풍미에 이르기까지 새로운 맥주를 분석하고 취향에 부합하는지를 판단하는 과정이다. 그리고 분석의 핵심은 맥주의 다양한 풍미를 가려내는 데 있다. 맥주를 제대로 평가하기 위해서는 적절한 순서를 정하고 정리하는 게 필요한데, 현재 맥주 품평에 있어 가장 공신력 있는 기관으로 여겨지는 BJCPBeer Judge Certification Program는 맥주 품평을 'A-A-F-M-O'라 불리는 5단계로 진행하는 걸 권장하고 있다.

맥주 테이스팅은 어려워 보이지만 약간의 호기심과 가벼운 마음으로 즐긴다면 조금씩 맥주의 차이를 느끼게 된다.

이는 아로마Aroma, 외관Apperance, 향미Flavor, 마우스필Mouthfeel, 총평Overall Impression을 의미한다.

아로마Aroma

첫 번째 단계인 아로마는 맥주를 처음 잔에 따랐을 때 피어오르는 후각 인상이다. 잘 알려져 있듯, 인간은 냄새에 매우 빠르게 적응하기 때문에 냄새에 관한 인상 역시 금방 사라진다. 그런 이유로 BJCP에서는 맥주를 잔에 따랐을 때 색상이나 거품 상태에 관한 관찰보다 아로마를 먼저 맡아 보라고 권한다. 이때 일반적인 맥아 향을 제외할 경우 대부분 홉에 기인하는 아로마(시트러스, 열대과일, 꽃, 소나무 등)이거나 효모에 기인하는 에스테르 향(바나나, 정향)일 가능성이 높다. 보통 냄새로 전해지는 아로마는

마셨을 때 느껴지는 향flavor과 비슷하게 나타나는 경향이 있다. 종류별로 느껴지는 향의 묘사는 향미 단계에서 언급하겠다.

외관Apperance

두 번째 단계인 외관은 맥주를 잔에 따랐을 때 느껴지는 모든 시각적인 정보다. 맥주의 색상을 표현하는 가장 대표적인 척도는 크게 EBCEuropean Brewery Convention수치와 SRMStandard Reference Method으로 나눌 수 있는데, 초보자에게 더 적합한 SRM을 기준으로 설명하고자 한다.

SRM은 맥주에서 표현될 수 있는 다양한 색상들을 1에서 40까지 연한 색상에서부터 진한 순서대로 나열한 표다. 가장 연한 색상 1은 상아색에 가까운 노란색으로, 라거 중에서도 칼로리 절약을 위해 맥아 함량을 극한까지 낮춘 라이트 라거가 속한다. 10 정도는 페일 에일에 가깝고 10 후반으로 갈수록 갈색빛을 띤 브라운 에일에 가깝다. 그리고 20을 넘어 30, 40에 다다를수록 포터, 스타우트 등 검은색에 가까운 맥주 스타일이 포함된다.

SRM은 맥주 색상에 기반해 숫자로 표현했기 때문에 종류별로 조금씩 다른 맥주의 색만으로 그 수치를 명확히 헤아리기는 어렵다. 그래서 각 수치별 색상을 기준으로 평가하고자 하는 맥주가 얼마나 더 진하거나 연한지를 판단하는 정도로 활용하는 것이 바람직하다. 맥주의 색깔은 보통 맥주의 종류에 따라 큰 차이를 보이지 않는 편이지만, 때로는 유난히 색깔이 진하거나, 유난히 탁한 빛을 가졌다는 등 평균에서 벗어나는 맥

SRM, EBC 수치에 따른 맥주의 색상 분포도

주 역시 존재한다. 이럴 땐 별도로 그 특징을 기록해두고 훗날 참고로 삼는 것도 나쁘지 않다.

향미 Flavor

결국 맥주는 마시기 위해 존재하기 때문에, 맥주를 마셨을 때의 풍미가 주는 느낌을 서술하는 것이야말로 맥주 품평에 있어 가장 중요한 단계라고 할 수 있다. 맥주의 맛은 매우 복합적이다. 언어로 향미를 표현하고자 할 때는 인체의 미각이 감지하는 맛으로 접근하는 것이 효율적이다. 단맛, 짠맛, 신맛, 쓴맛, 감칠맛, 지방맛 등의 카테고리에 기반해 어떤 강도로 어떤 인상의 맛이 느껴지는지 작성하는 것이다.

맥주의 스타일과 맛은 그 긴 역사만큼이나 매우 다양하다. 하지만 각각의 맥주가 강조하고자 하는 재료의 특성은 어느 정도 정해져 있어 수십여 가지의 맥주 스타일을 몇 종류의 콘셉트로 나누는 게 불가능한 일은 아니다. 아래는 그레그 엔거트Greg Engert가 Splendidtable.org에 기고한 《맥주의 7대 풍미 분류The 7 Flavor Categories of Beer》를 간추린 것이다. 각 스타일에서 가장 두드러지는 풍미를 기준으로 콘셉트를 나누었기 때문에 이해가 쉬울 것이다.

▶ crisp

노란색에서 가벼운 앰버색 정도에 속하는 대부분의 라거와 몇몇 에일이 속하며, 향이 강하지 않고 탄산의 힘을 빌려 청량감이 강조되는 맥주를 말한다. 이러한 청량한 맥주들은 크게 세 종류로 나눌 수 있다. 첫째, 별다른 홉 아로마 없이 비스킷, 씨리얼, 토스트 등 가벼운 맥아가 느껴지는 라거들로 페일 라거, 필스너, 앰버 라거, 비엔나 라거가 이에 속한다. 둘째, 라거 중에서도 청량감을 유지하되 풀잎이나 허브, 꽃향기 등의 가벼운 홉 아로마가 들어간 필스너, 켈러비어, 그 외에 호피한 라거가 이에 속한다. 마지막으로 청량감이 강조되는 에일로, 사과, 배 등 가벼운 과일 향 홉 아로마가 살짝 부여되는 블론드 에일, 쾰쉬 등이 이에 속한다.

종류	풍미 예시	맥주 스타일
섬세한 과일 향	맥아나 홉 모두 크게 강조되지 않되, 가벼운 과일 향(사과, 배, 베리류)이 풍김	블론드 에일, 위트 에일(미국식 밀맥주), 쾰쉬
맥아 중심	빵이나 비스킷 등 매우 옅고 가벼운 맥아와 도드라지는 청량감을 가짐	페일 라거, 뮌헨 헬레스, 앰버 라거, 비엔나 라거, 메르첸, 헬레스 복
활발한 홉	독일, 체코 등에서 나는 노블 홉을 기반으로 해 청량하면서도 허브, 꽃, 향신료 등의 아로마가 느껴짐	필스너, 켈러비어, 인디아 페일 라거, 임페리얼 필스너

▶ hop

크리스프한 맥주들과 달리 홉 아로마와 쓴맛이 지배적으로 드러나기 때문에 가볍게 마시기는 어려운 황토색이나, 옅은 갈색 맥주들이 속한다. 크게 세 집단으로 나눌 수 있는데, 드라이하고 흙 향기earthy가 두드러지는 영국식 페일 에일(IPA 포함) 그룹과 벨기에식 IPA가 속한 그룹, 시트러스, 열대과일 향이 두드러지는 미국식 페일 에일(IPA 포함)이 속한 그룹이다.

종류	풍미 예시	맥주 스타일
흙내음, 드라이함	풀, 흙, 나무 등	비터, 영국식 IPA, 벨기에 IPA
맥아 기반	캐러멜 인상의 맥아가 기반이되, 약간의 솔잎 및 열대과일 아로마	미국식 앰버 에일, 미국식 임페리얼 레드 에일
시트러스, 허브	시트러스, 송진, 열대과일 등의 강렬한 홉 위주의 풍미	미국식 페일 에일, 미국식 IPA, 미국식 임페리얼 IPA

▶ malt

홉이 억제되는 대신 맥아의 진하기로 승부를 보는 맥주들이다. 페일 맥아를 사용한 크리스프한 맥주들과 함께, 캐러멜맥아, 크리스탈 맥아를 이용해 토피, 캐러멜, 견과류 등으로 맥아의 개성이 훨씬 뚜렷한 갈색 맥주와 일부 검정색 맥주가 속한다.

종류	풍미 예시	맥주 스타일
토스트, 견과류	비스킷, 토스트, 볶은 견과류, 건포도, 꿀, 캐러멜	다크 라거, 둔켈, 영국식 브라운 에일, 뒤셀도르프 알트, 둔켈 복, 도펠복, 아이스복 등
과일 향, 토피	토피, 말린 과일, 슈가 캔디, 위스키, 포도주	벨기에 페일 에일, 스트롱 에일, 스카치 에일, 아이리쉬 레드 에일, 엑스트라 스페셜 비터ESB, 발리 와인 등

▶ **roast**

맥아를 많이 볶아 커피, 코코아 향미를 가진 검은색 맥주가 속한다. 이 그룹은 바디감이 상대적으로 옅고 목 넘김이 부드러운 슈바르츠비어, 스타우트 등이 속한 그룹과 드라이함이 짙어 에스프레소를 마시는 듯한 막막함이 느껴지는 드라이 스타우트, 임페리얼 스타우트 등이 속한 그룹으로 나뉜다.

종류	풍미 예시	맥주 스타일
부드럽고 매끈함	밀크초콜릿, 라테, 헤이즐넛, 코코아	슈바르츠비어, 둔켈, 스위트 스타우트, 오트밀 스타우트, 엑스포트 스타우트
어둡고 드라이함	다크초콜릿, 에스프레소, 건자두, 체리 등 베리류	드라이 스타우트, 블랙 IPA, 미국식 브라운 에일, 미국식 스타우트, 임페리얼 스타우트

▶ fruit & spice

이 분류에 속한 맥주들은 홉이 아니라 효모의 발효작용 과정에서 발생하는 에스테르 향미 계열의 과일 및 향신료 아로마를 풍긴다.

종류	풍미 예시	맥주 스타일
새콤하고 밝은 향	오렌지, 레몬, 바나나, 살구, 풍선껌, 후추, 바닐라, 정향	바이스비어, 크리스탈바이젠, 벨지안 화이트, 벨기에 블론드 에일, 벨기에 스트롱 페일 에일, 트리펠, 세종 등
달고 어두운 향	건포도, 체리, 자두, 라즈베리	둔켈바이젠, 두벨, 벨기에 스트롱 다크 에일, 바이젠복, 쿼드루펠 등

▶ tart & funky

맥주 효모 외에도 젖산균 등으로 발효된 플랜더스 레드 에일, 고제 같은 와일드 에일은 보통 맥주와 달리 레드 와인이나 레몬, 라즈베리가 연상되는 새콤한tart 향을 가진다. 그리고 람빅 등 야생 효모가 쓰이는 맥주에서는 펑키funky한 향이라고 번역되는, 흔히 가죽이나 시골 냄새에 가까운 퀴퀴한 향이 나기도 한다.

▶ smoke

훈제된 향미를 내는 맥주들이다. 독일 뱀버그 지방의 특산 맥주인 라우흐비어처럼 훈제된 소시지, 바비큐의 인상을 강하게 풍기는 '훈제 맥주'가 이 분류에 속하는 대표 맥주다. 여타 맥아와 어우러지는 은근한 훈제 향미를 내는 몇몇 흑맥주들도 이 분류에 속하지만, 훈제된 향미라는 것 자체가 흔하지 않기 때문에 국내에 많은 종류가 있지는 않다.

맥주의 적, 악취off-flavor

맥주에서 꼭 좋은 냄새만 나는 건 아니다. 어디까지나 발효음식인 맥주는 미생물인 효모를 이용한 양조 과정 또는 장시간에 걸친 운송과 보관 과정에서 발생하는 부산물로 인해 변질할 확률이 항상 존재한다. 이렇게 변질한 맥주에서는 위화감이 느껴지는 이상한 냄새, 악취가 나기도 한다. 다음은 맥주에서 느껴지는 대표적인 악취의 예이다.

- 금속 맛metallic: 단순한 신맛이 아닌, 동전 맛이나 피 맛처럼 쇠를 핥는 듯한 소름 돋는 시큼 짭짤한 맛이다. 철분이 과다 함유된 물로 만든 맥주, 또는 코팅이 불량한 저가 캔 맥주 등에서 자주 느껴진다.
- 채소 맛vegetal: 푹 삶은 양파, 양배추, 샐러리에서 모락모락 피어오를 것 같은 냄새를 말한다. 또는 그렇게 축 늘어진 채소를 아무 양념 없이 입안에서 우물우물 씹는 느낌이라 설명할 수 있다. 이 냄새는 변질된 맥주에서 많이 맡을 수 있다.
- 쑥정이grainy: 맥아의 달콤함 대신, 알맹이가 없는 낟알 껍데기만 입안 가득 채워 넣은 듯한 떨떠름한 느낌을 말한다. 탄산이 조금이라도 빠져나간 저가 라거에서 자주 느껴진다.
- 산화된 냄새oxidized: 완성된 맥주가 산소에 노출됐을 때 젖은 마분지나 비 맞은 라면박스의 퀴퀴한 냄새가 난다. 완성 직후 밀봉되어 출고되는 공장생산 맥주에선 느끼기 어렵지만, 홈 브루잉을 하는 사람들은 자주 경험하게 되는 냄새이다.

- 구린내skunky: 실제로 병맥주가 직사광선에 오랫동안 노출되어 홉 성분이 변질되면 스컹크 방귀에서 나오는 화합물이 맥주 내에서 형성된다고 한다. 특히 캔이나 갈색 병보다는 자외선 차단 효과가 약한 녹색 병, 투명 병맥주에서 자주 일어난다.
- 시큼한 맛acetic, 에스테르estery: 식초를 연상케 하는 시큼한 맛, 또는 배, 복숭아, 바나나 등을 연상케 하는 에스테르 향이 날 수도 있다. 라거나 페일 에일에서는 경계해야 하는 아로마지만 밀맥주나 사우어 에일은 오히려 이러한 아로마를 특징으로 삼는다.

마우스필Mouthfeel

마우스필을 직역하면 입안의 느낌 정도라 할 수 있다. 말 그대로 맥주를 마셨을 때 입안에서 느껴지는 것들을 일컫는다. 마우스필에 영향을 미치는 요소는 거품의 풍성함과 조직력, 탄산의 강도와 양조 후 남은 당糖의 정도 등 다양하다. 일반적으로 마우스필을 표현하는 기본적인 척도는 액체의 밀도감을 의미하는 바디감body이다. 바디감이 높은full-bodied 맥주는 입안에서 묵직하고 걸쭉하게 느껴지는데, 벨기에 에일이나 임페리얼 스타우트, 밀크 스타우트, 도펠복 등에서 이러한 느낌을 경험할 수 있다. 반면, 바디감이 가벼운light-bodied 맥주는 통상적인 페일 라거, 페일 에일 등을 포함하며 맹물처럼 가벼운 목 넘김을 느낄 수 있다.

조금 더 넓은 의미의 마우스필로 분류되는 감각들도 있는데 드라이함이나 탄산감fizzy, 기름기oily, 또는 마신 후의 청량감 등이 이에 속한다. 드라이한 맥주는 양조 후 남은 당을 최소화함으로써 끝 맛이 깔끔하게 마무리되는 맥주들로, 라거 중에서는 드라이 라거로 분류되는 몇몇 페일 라거가 속한다. 그리고 탄산감은 맥주를 마심에 있어 느껴지는 탄산의 강도를 표현하는 것이다. 탄산감은 라이트 라거나 미국식 첨가물 맥주와 같은 몇몇 예외를 제외하고는 어디까지나 맥아나 홉과 조화를 이루어야 하며, 지나치게 탄산이 강한 에일은 좋지 않게 느껴진다.

총평 Overall Impression

마지막 총평 단계에서는 객관적인 태도를 바탕으로 작성하는 앞의 4단계의 서술과 주관적 평가를 결합하여 맥주에 대한 전반적인 평가를 내린다. 주관적인 평가로 마무리를 짓는 건 맥주를 마시고 정리하는 이유는 어디까지나 자신의 취향에 맞는 맥주를 찾기 위해서라는 점 때문이다. 전문가들이 죽기 전에 꼭 마셔 봐야 할 맥주라고 찬사를 보내는 트라피스트 맥주나 임페리얼 스타우트라 할지라도 여러분의 취향과 일치하리라는 보장은 없는 것이다.

맥주를 마시고 스스로에게 던져볼 수 있는 질문은 다양하다. 한 병을 다 비울 때까지 좋은 인상이었는가? 아니면 처음에는 좋았던 아로마가 몇 모금 마시고 나니 부담스럽게 느껴졌는가? 혹은 탄산이 강했거나, 맛이 밋밋해서 별로였는가? 만약 이 맥주를 다시 마신다면 얼마 정도의 돈을 지출할 수 있겠는가? 친구나 연인에게 이 맥주를 추천할 수 있겠는가? 그리고 이 맥주를 또 마실 의향이 있는가? 등등 무궁무진하다.

이러한 질문에 대해 답을 함으로써 이 맥주에 대한 긍정적 또는 부정적 인상을 좀 더 구체적으로 표현할 수 있다. 이러한 표현은 추후 간편하게 참고할 수 있도록, 별점으로 덧붙여 나타내는 것도 나쁘지 않다.

맥주 테이스팅: 실전편

다음은 내가 650여 종의 맥주를 시음하면서 터득한, 새로운 맥주를 대하는 개인적인 방식과 태도에 대해 다루어 보았다. 많은 부분은 평소 테이스팅 방식으로 작성했지만, 쓰는 과정에서 맥주 전문 서적이나 인터넷, 유튜브 등의 내용을 참고했다. 서두에서도 밝혔지만, 나는 '완벽한' 맥주 전문가는 아니다. 정석 테이스팅 방식과 다른 내용이 있을 수 있겠지만, 맥주를 즐기는 데 문제는 없다.

첫 단계:
맥주의 보관과 냉각

새로운 맥주를 입수하는 것도 중요하지만, 가지고 온 맥주를 시음 전까지 잘 보관하는 것 역시 중요하다. 특히 미지근한 맥주를 한시라도 빨리 마시고 싶은 날에는 더 적극적인 조치가 필요하다. 가장 추천하고 싶은 방식은 얼음과 소금을 이용하는 것이다. 충분한 크기의 통에 맥주병이나 캔을 둔 뒤 소금을 뿌린 얼음(또는 얼음물)을 채우고 냉장고에 두는 것이다. 소금 성분이 물에 녹는 과정에서 주위의 열을 흡수하고 용액의 어는점을 더 낮추는 것을 이용하는 것이다. 이 방법은 빠르면 10분, 늦어도 20분 안에 맥주를 충분히 시원하게 만든다. 만약 얼음이 없다면 젖은 티슈나 손수건을 맥주병에 둘러 고정한 뒤 냉장고에 넣어두면 그냥 넣어두는 것보다 더 빨리 맥주를 시원하게 만들 수 있다. 다만 이 방법은 라벨이 물에 젖어 손상될 수 있다는 단점이 있다.

그러나 맥주를 빨리 시원하게 만들어야겠다는 이유로 맥주를 냉동고에 두는 것은 어떠한 상황에서도 피해야 한다. 설정 온도에 따라 다르지만, 냉동고에서는 아무리 미지근한 맥주라도 15~20분 이내에 매우 빠르게 차가워지고, 30분을 넘으면 얼어버릴 위험도 있다. 고기가 그러하듯, 한 번 얼어버린 맥주는 해동한다 하더라도 탄산 함량이 감소하고 홉이나 아로마가 옅어지는 풍미 손상을 야기할 수 있다.

두 번째 단계:
기록 준비와 유리잔 점검

맥주가 차가워질 동안, 이 새로운 맥주를 맛볼 준비를 하면 된다. 이때 맥주를 검색하면서 사전 정보를 수집하거나 맥주 품평에 쓸 필기도구, 카메라를 준비하는 것도 괜찮다. 초심자에게는 맥주에 대한 기본적인 수치정보(ABV, IBU, 맥아 함량 등)부터 시작해 맥주의 전반적인 외견과 풍미, 마우스필을 기입할 수 있는 맥주 테이스팅 시트를 준비해두는 것도 좋다. 테이스팅 시트는 검색으로 쉽게 찾을 수 있으며, 낯선 맥주를 접했을 때도 비교적 일관적인 방식으로 분석할 수 있도록 도움을 준다. 카메라는 맥

맥주를 시음할 때는 맛에 대한 순간적인 인상을 잡아낼 수 있도록 집중이 잘 되는 환경을 만드는 것이 좋다.

주 라벨 디자인과 그 맥주에 관한 정보를 담는 역할을 한다.

그리고 또 하나 신경 써서 준비해야 할 것이 바로 맥주잔이다. 맥주 종류에 맞는 적절한 맥주잔을 이용해 마시면, 맥주의 풍미를 더 제대로 느낄 수 있다. 그렇지만 아무리 비싸고 좋은 유리잔을 가지고 있다 하더라도 세척 상태가 좋지 않다면, 풍성한 거품은 고사하고 여러 잡내로 테이스팅에 방해를 받을 것이다. 따라서 시음 전 맥주잔을 불빛에 비추어 청결 여부를 검사하는 것 역시 반드시 해야 할 중요한 일이다.

조금 더 맥주를 진지하게 즐기고자 하는 사람이라면, 감상하고 있던 음악이나 영상을 잠시 멈추고 최대한 다른 감각에 신경 쓸 여지를 줄이는 것도 필요하다. 인간은 여러 감각에 집중할 수 없다. 특히 복잡한 풍미를 단시간에 느껴야 하는 맥주 테이스팅은 조용한 클래식 음악조차 방해가 될 수 있다.

세 번째 단계:
개봉과 잔에 따르기

맥주가 어느 정도 차가워졌다면 냉장고에서 꺼내 시음에 적당한 온도가 될 때까지 기다린다. 일반적인 페일 라거라면 꺼내자마자 바로 시음해도 무방하지만, 어떤 맥주는 냉장고 온도보다 조금 높은 온도로 마셨을 때 더 깊은 풍미를 느낄 수 있다. 기다리는 동안 해당 맥주 라벨을 찬찬히 살펴보면서 맥주에 들어간 첨가물이나 부가물이 있는지 확인하거나, 시음 맥주가 가진 역사적 배경이 있는지 검색하는 것도 나쁘지 않다.

만약 서로 다른 종류의 맥주를 각각 시음하고자 한다면 시음 순서도 정해두도록 하자. 시음은 색깔이 옅고 향이 강하지 않은 것부터 시작해, 색깔이 진하고 향이 강한 순서로 진행하는 것이 좋다. 퀼쉬와 바이젠복이 있다면 퀼쉬를 먼저 마시고, 앰버 에일과 페일 라거가 있다면 페일 라거를 먼저 마시는 식이다. 물론 여러 맥주를 시음할 경우 두 번째 맥주의 풍미를 온전히 즐길 수 없으므로 고급 맥주를 시음할 때는 그다지 추천하지 않는다.

맥주가 적당한 온도가 되었다면 이제 잔에 따르는 일만 남았다. 맥주를 따를 때 유의할 점도 있다. 개봉 전 맥주병에 진동이나 충격을 주는 일을 피하는 것이다. 콜라가 그러하듯, 거품이 풍부한 맥주 몇몇은 작은 충격에도 거품이 넘쳐흘러 잔에 따를 때 애를 먹게 만드는 경우가 있다. 특히 독일식 바이스비어나 벨기에 수도원 맥주, 그리고 탄산 대신 질소가 들어간 맥주(기네스 드래프트가 대표적이다)는 아무 충격을 받지 않아도 거품의 양이 풍성하니 특히 더 주의해야 한다.

맥주를 잔에 따르는 방식은 술을 마시기 시작하면서 본능적으로 터득한다. 즉, 잔을 45도 각도로 기울여 맥주가 잔의 벽면에 닿아 비스듬하게 흘러내리도록 따르는 방법이다. 그렇게 해서 내용물이 60~70% 정도 찼다면, 이후에는 잔을 똑바로 세워서 적당한 두께의 거품이 형성될 때까지 맥주를 부어준다. 누군가는 맥주 거품이 싫다는 이유로 45도 각도로 맥주잔을 끝까지 채우지만 적당한 두께의 맥주 거품은 외견으로도 맥주의 풍미를 돋우는 데 도움이 된다.

여기서 한 가지 팁을 주자면, 바람직한 맥주 거품의 두께는

350~500ml 남짓 되는 일반적인 맥주잔을 기준으로 약 2.5cm 정도다. 새끼손가락 첫째마디 정도의 길이라고 가늠하면 된다. 다만 바이스비어나 벨기에 에일 등 몇몇 거품이 풍부한 맥주의 경우에는 잔을 채우고도 넘쳐 봉긋하게 솟아오르는 것이 일반적이고, 펍에서도 그렇게 서빙하는 것이 바람직하다.

네 번째 단계:
시음하기

이제 잔에 따른 맥주를 시음하는 일만 남았다. 가장 먼저 할 일은 잔에 따르는 과정에서 피어오르는 향에 대해 메모하는 일이다. 보통 이렇게 피어오르는 향은 홉이나 효모에서 유래하는 향일 가능성이 높다.

가령 페일 에일이나 바이스비어 같은 경우 솔 향, 또는 시트러스, 바나나 등의 과일 향을 뚜렷하게 느낄 수 있고 영국식 페일 에일이나 블론드 에일은 빵이나 흙냄새 정도가 잠시 스쳐가는 느낌을 받는다. 하지만 대부분의 라이트 라거나 저가의 라거 맥주에서는 약간의 맥아 향 외에는 다른 향이 느껴지지 않는다.

이러한 향은 맥주의 본격적인 풍미를 예고하는 경우가 많지만, 그렇지 않은 경우 역시 존재한다. 즉 향은 풍부한데 마셨을 때의 풍미가 단조로운 경우도 있을 수 있다.

향에 대한 인상을 정리한 뒤, 필요에 따라 사진을 찍고 잔에 담긴 맥주 외견을 관찰한다. 밝은 불빛이나 흰 배경에 비친 맥주의 색상을 살펴보고, SRM 표를 통해 수치를 가늠해보는 것이다. 그리고 맥주 거품의 입자 크기라든지, 사라지는 속도에 대해서도 정리해둔다. 어떤 거품은 맨 윗부분에 자잘한 입자의 얇은 막 형태로 형성되고, 또 어떤 맥주는 끈끈하고 큰 입자의 거품을 만들기도 한다. 이러한 특징을 기억해두었다가 마실 때 느껴지는 마우스필과 연계하는 것도 좋은 방법이다.

이제 본격적으로 한 모금 마시면서 맥주의 맛을 경험해볼 차례다. 첫 모금은 반 모금 마신 뒤, 입과 콧속에서 느껴지는 다양한 풍미를 맥아, 홉, 효모 각각의 요소들과 마우스필로 최대한 나눈 뒤 인상을 메모한다. 대부분 맥주는 맥아 또는 홉 어느 한쪽이 우세한 형태로 전체의 풍미를 이끌기 때문에 이에 유념하여 맛을 분석해야 하는데 보통의 경우 이 단계에서 맥주의 콘셉트를 알 수 있게 된다.

두 번째는 평범하게 맥주를 마시듯 충분하게 한 모금을 마신 뒤 첫 시도에서 놓쳤던 풍미를 찾아내 작성한다. 첫 음미 때 홉 등의 아로마가 너무 진하거나, 탄산이 강해 다른 요소의 풍미를 느끼지 못했다 해도 두 번째, 세 번째에서 그 느낌이 전해져 올 때가 있다. 마우스필이라 불리는, 입안의 느낌(탄산의 강도, 바디감 등)과 목구멍으로 넘긴 뒤 입안에 남는 느낌(잔류감, 피니싱finishing), 혹은 독특한 냄새가 느껴진다면 기록해두는 것이 좋다. 꼭 모든 항목을 일일이 쓸 필요 없이, 유난히 두드러지는 특징만 언급해도 괜찮다.

만약 뚜렷하게 기억에 남는 아로마임에도 그 느낌을 표현하기 어려울 때는 인터넷에 여러 맥주 애호가들이 올린 테이스팅 노트를 참고해보는 것도 괜찮다. 흔히들 한국어의 묘사와 표현력이 세밀하다고 이야기하지만, 적어도 맥주 테이스팅 표현에 있어서는 미식 문화의 원조인 서

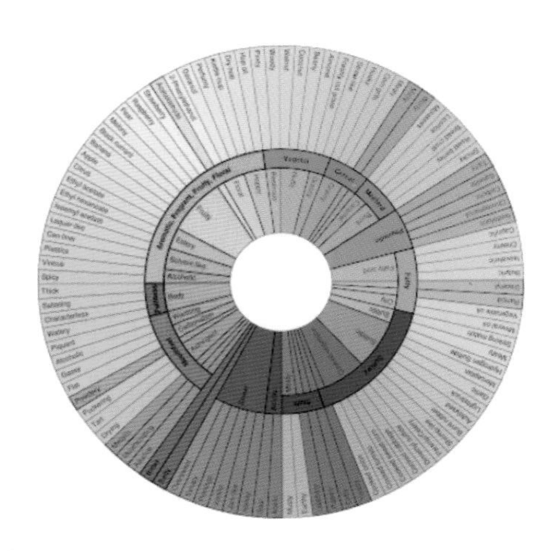

맥주에 대한 아로마를 분류에 따라 정리한 Beer Flavor Wheel. 맥주를 시음하고 풍미를 표현할 때 큰 도움이 된다. 출처: http://www.beerflavorwheel.com/

구 표현이 훨씬 구체적이다. 단순한 맥아의 미묘한 달콤함을 로스팅된 정도나 피니싱 수준에 따라 크래커–캐러멜–토피–건포도–슈가 캔디 등으로 나누는 것이 대표적인 예이다. 특히 많은 리뷰어가 해당 맥주에 관해 공통적으로 언급하는 단어는 그 맥주가 속한 스타일의 주된 테마와 직접 관련 있을 가능성이 높다. 때문에 잘 기억해 둔다면 훗날 비슷한 맥주를 마셨을 때 활용할 수 있다.

다섯 번째 단계:
전반적인 평가와 마무리

시음을 마친 뒤에는 테이스팅 용지에 쓴 내용을 토대로 맥주에 대한 총평을 내려 보도록 하자. 서술형으로 풀어 써도 되고 별점으로 평균을 매겨도 된다. 물론 처음에는 묘사할 수 있는 단어가 부족해 단순히 '좋은 맥주', '향긋한 맥주'로만 쓸 수도 있다. 그럴 경우 풍미에 대한 표현 대신 어떠한 광경이 떠오른다거나, 누군가와 같이 이 맥주를 마시고 싶다는 등의 개인적인 심경을 적어두는 것도 나쁘지 않다.

이 장의 처음에서도 언급했듯이, 맥주를 평가할 때 남의 눈치를 볼 필요는 없다. 어차피 이 모든 단계는 '나만의 맥주'를 찾아가는 즐거움을 위해서다. 맥주 리뷰 사이트 평가에 여러분의 취향을 맞출 필요도 없다. 어차피 인간의 미각과 후각은 차이가 있고 그 차이를 받아들이는 호불호 역시 다양하기 때문에 100% 객관적인 맥주 품평이란 존재할 수 없으니 말이다.

다음 페이지에서는 내가 선발한 Best 6 맥주와 간단한 테이스팅 노트를 정리했다. 맥주를 마시고 표현하는 데 심각할 필요가 없다는 것을 이해하기를 바란다.

인생 맥주 Best 6 & 테이스팅 노트

많은 맥덕들이 인생 맥주를 만나는 것을 일생의 소원으로 삼는다. 하지만 내 맘에 쏙 드는 이상형 찾기가 어렵듯, 수많은 맥주를 마셔왔으면서도 인생 맥주로 선언할 만한 맥주는 아직 찾지 못했다. 그렇지만 내 기억 속에 아로새겨진 맥주들은 몇 가지 있다.

이번에 소개하고자 하는 여섯 종의 맥주는 6년간 다양한 맥주를 마시면서 맛의 특별함 때문에 기억에 남은 나름의 '인생 맥주'다.

스톤 IPA Stone IPA

맥주잔을 든 악마의 인상이 매우 난폭하게 느껴지는 외관이지만 스톤 IPA는 내가 가장 모범적인 미국식 IPA로 꼽는 맥주 중 하나다. 보통 시트러스나 소나무 아로마가 특징인 미국식 IPA를 수제 맥주의 대명사로 여기지만, 마셔보면 과유불급이라는 말이 떠오를 정도로 그 쓴맛과 마우스필이 지나칠 때가 있다. 하지만 스톤 IPA는 소나무 느낌의 아로마와 열대과일 또는 풍선껌 느낌의 펑키한 아로마가 함께 나타나 질리지 않고 즐길 수 있도록 도와준다.

물론 이후로도 정석적인 IPA를 많이 만났지만, 스톤 IPA처럼 내가 상상하던 '맛있는 미국식 IPA'이면서, 처음 이 맥주를 접했을 때의 기쁨을 안겨주는 인상 깊은 IPA는 만나보지 못했다.

기본 정보

이름 : 스톤 IPA

생산 : 스톤 브루잉 컴퍼니, 미국

분류 : 미국식 IPA

ABV : 6.9%

테이스팅 노트

진한 금빛에 옅은 거품층이 유지된다. 솔과 시트러스 향이 물씬 풍기는 전형적인 미국식 IPA의 패턴, 입안에서 물씬 가득 풍기는 송진 계열의 독특한 씁쓸함까지. 번지수 제대로 찾아왔구나!
입안에서는 풍선껌 느낌의 펑키한 아로마가 은은하게 풍기는데, 마치 악마가 이 맥주를 따라주는 와중에 씹던 껌이라도 함께 빠뜨린 것 같다는 상상도 들었다. (뭔가 입맛 떨어지는 비유 같지만…) 6.9도라는 강력한 도수에 비해 알코올의 느낌은 그리 강하게 다가오지 않지만, 마시다 보면 취할 것처럼 목구멍이 은근히 타들어 간다. 내가 생각했던 미국식 IPA의 기승전결을 잘 드러낸, 정석적인 IPA다.

바이엔슈테판 코르비니안Weihenstephaner Korbinian

독일 바이에른에 위치한 바이엔슈테판은 세계에서 가장 오래된 맥주 양조장 중 하나다. 동시에 세계 최고의 맥주 연구 및 교육기관으로 뮌헨공대의 양조전공 과정이 운영되고 있는, 전통과 현대가 어우러진 곳이다. 무엇보다 바이엔슈테판이 멋진 이유는 이들이 생산하는 맥주들이 하나같이 각각의 맥주 스타일을 대표한다고 말해도 좋을 만큼 빼어난 맛을 자랑한다는 점이다.

코르비니안은 이러한 바이엔슈테판의 맥주들 중에서 가장 깊은 인상을 받았던 맥주로, 우유를 연상케 하는 진득한 바디감과 짙은 코코아, 견과류 계열의 풍부한 아로마를 자랑한다.

기본 정보

이름 : 바이엔슈테판 코르비니안

생산 : 바이엔슈테판 양조장, 독일

분류 : 다크 도펠복

ABV : 7.4%

테이스팅 노트

다크 도펠복이라는, 보기만 해도 육중함이 느껴지는 외모(?)에 육안으로도 SRM 20대 중후반을 찍는 수준이다. 가격대 역시 바이엔슈테판 중에서 플래그십에 해당되어 기대가 된다. 잔에 조금만 코를 가져다 대도 코코아보다 더 지독한 코코아 향이 코를 뒤덮는다. 하지만 의외로 첫 인상은 달고 부드럽다! 알코올 아로마와 약간의 우유, 그리고 견과류 아로마가 더해져, 지금 내가 진한 바디감의 깔루아 밀크 칵테일을 마시고 있는 게 아닌가 하는 착각이 들 정도였다. 도수가 높은 걸 알면서도 잔을 기울이는 것을 멈출 수 없다고나 할까.

맨드릴 페일 에일Mandril Pale Ale

맨드릴 페일 에일은 친구 일을 돕기 위해 바르셀로나에 지내던 시절, 바쁜 일정을 모두 마치고 마지막을 자축하기 위해 마트에서 구입했던 여러 맥주 중 하나다. 호기심을 유발하는 라벨도 라벨이었지만, 여느 브루어리와는 달리 창업자가 미스터 맨드릴이라는 가명으로 활동한다는 점도 궁금증을 불러일으켰다. 시트러스, 망고 등 열대과일의 아로마뿐만 아니라 풀이나 허브 등 부드러운 아로마도 가지고 있다. 그러면서도 청량하게 마무리되는 멋진 맥주였지만, 2019년 현재 단종되어 더 이상 마셔볼 수 없다는 점은 이 맥주에 대한 향수를 더욱 부채질한다.

기본 정보

이름 : 맨드릴 페일 에일
생산 : 맨드릴 브루잉 컴퍼니, 스페인
분류 : 영국식 페일 에일
ABV : 5.4%

테이스팅 노트

바이젠을 연상케 하는 두터운, 옅은 노란빛의 거품이 인상적이다. 영국식 페일 에일이 이랬던가? 시트러스 향을 베이스로 화사한 부케와 함께 밝고 기분 좋은 홉의 느낌이 다가온다. 단순한 시트러스 아로마뿐만 아니라 망고, 풀, 허브 계열의 아로마도 느껴진다. 그러면서도 청량한 느낌으로 마무리되어 기분 좋게 마실 수 있었다.

BeerAdvocate.com에서는 이 맥주를 영국식 페일 에일로 분류하지만 개인적으로는 세션 에일 콘셉트를 한 미국식 페일 에일로 분류할 수 있을 여지도 크다고 본다. 바르셀로나에서 맛본 맥주뿐만 아니라, 지금까지 마셔 본 맥주 중에서도 열 손가락 안에 꼽을 수 있는 맥주다.

세종 듀퐁Saison Dupont

맥주 하면 많은 사람이 독일이나 미국 맥주를 손꼽지만, 벨기에 맥주만큼이나 흥미로운 스타일도 흔치 않다. 벨기에 맥주의 특별함 중 하나는 과거의 양조 방식을 보존한 맥주가 지금도 생산되고 있다는 점

에서 찾을 수 있다. 팜하우스 에일로 통칭하는 세종 역시 그중 하나로, 세종 스타일 대표로 손꼽히는 세종 듀퐁은 맥주 효모뿐 아니라 브렛 효모와 젖산균 등의 다양한 미생물을 이용하여 풍부한 과일 향과 스파이시한 풍미를 만들어 낸다.

나 역시 처음에는 미국식 페일 에일처럼 호피한 맥주들을 통해 맥주의 세계에 입문하게 되었지만, 세종 듀퐁은 내가 알고 있던 맥주의 지평을 새롭게 개척해주었다.

기본 정보

이름 : 세종 듀퐁

생산 : 듀퐁 브루어리, 벨기에

분류 : 세종

ABV : 6.5%

테이스팅 노트

병을 따자마자 뭉클하게 에스테르 아로마가 흘러넘친다. 프루트 통조림을 딴 듯한 농후하고 달콤한 느낌으로, 마치 한여름 과일가게에 들어선 것처럼 자두, 사과, 포도 껍질 등 그 양상이 다양해 놀랐다. 색상은 밝은 편이나 다소 뿌연 색상을 하고 있고 거품은 매우 조밀하게 올라온다. 맛은 생각보다 가볍지만 달지 않고, 담백한 편에 속한다. 처음 맡았던 과일 향은 마시면서 서서히 잦아들고, 그 대신 매혹적인 알코올의 풍미와 효모로 인한 스파이시한 아로마가 그 빈자리를 채운다.
아지랑이가 피어오르는 봄 날씨를 연상케 할 정도로 생동감이 넘치는 세종의 에너지는 언제라도 다시금 마시고 싶어질 중독성을 지니고 있다.

빅토리 프리마 필스 Victory Prima Pils

페일 라거는 워낙에 흔한 스타일이라 전 세계적으로 맛도 평준화되었다. 그만큼 깊게 인상에 남는 페일 라거를 찾기란 생각보다 쉽지 않다는 말과 같다. 그렇지만 프리마 필스는 다르다. 화려한 수상경력도 경력이지만, 필스너의 상궤에서 벗어난 풍미를 통해 내 기억에 깊숙이 각인된 맥주다.

프리마 필스는 전형적인 필스너의 공식과는 매우 멀리 떨어진 맥주다. 맑은 황금빛과 차분한 맥아, 희미하게 풍기는 풀잎과 꽃 계열의 아로마 정도로 정의되는 보통의 필스너와 달리, 다소 희끄무레한 아이보리색으로 풀잎과 소나무, 시트러스 등의 포개어진 아로마를 통해 맛의 측면에서는 훨씬 또렷한 인상을 남긴다.

기본 정보

이름 : 빅토리 프리마 필스

생산 : 빅토리 브루잉 컴퍼니, 미국

분류 : 필스너

ABV : 5.3%

테이스팅 노트

일단 색상부터 놀라웠다. 약간 뿌연 아이보리 계열의 색상은 페일 에일, 또는 벨지안 화이트가 연상됐다. 색깔로 봐서는 필스너라고 보기 어려운 건 확실하지만, 그 청량함을 최대한 재현해낸 맛에 또 한 번 놀라게 된다. 달콤한 몰트와 함께 유럽 쪽 필스너보다는 조금 더 밝은 느낌의 풀잎과 솔, 시트러스 향이 가미된 홉의 씁쓸함이 풍겨온다.

체코나 독일 본토의 필스너와는 조금 다른 인상을 가지는 것은 아마 첨가된 홉의 차이 때문인 듯싶다. 처음에는 조금 변칙적인 첫인상에 당황할 수는 있겠으나 필스너 한 잔을 해치운 뒤 밀려오는 짜릿함만은 이 맥주 역시 뒤지지 않는다. 새롭지만 부담 없이 집어들 수 있는, 밸런스를 잘 맞춘 미국산 필스너다.

옵 앤 톱 Op & Top

드 몰렌은 네덜란드어로 풍차를 의미한다. 드 몰렌 크래프트 브루어리에서 만든 옵 앤 톱은 영국식 페일 에일을 뜻하는 비터로 분류되지만 필스너 몰트를 배합하고 시트러스 아로마를 가진 아마릴로 홉을 첨가해 '미국식 비터'라는 참신한 콘셉트를 가지고 있다. 결론부터 말하자면 미국 맥주의 향긋한 홉 아로마와 영국 맥주의 부드러운 마우스필이라는 개인적인 호감 요소를 섬세하게 잘 혼합한 훌륭한 맥주다. 많은 맥주들 중 단순히 '맛있다'는 이유만으로 마시는 걸 멈출 수 없었던 몇 안 되는 맥주 중 하나다.

기본 정보

이름 : 옵 앤 톱

생산 : 드 몰렌 브루어리, 네덜란드

분류 : 영국식 비터

ABV : 4.5%

테이스팅 노트

캐러멜 색상에 거품은 그리 많지 않다. 가벼운 시트러스와 꽃 아로마가 충분히 느껴지며, 한 모금 마시니 캐러멜과 솔향 그리고 약간의 시트러스 향미가 마치 혀를 꽉 잡아당기고, 입천장에 뽀뽀하는 듯해(!) 황홀함이 느껴진다. 끝 맛에 활짝 피어나는 듯한 홉의 마무리가 남는데, 일반적인 비터의 홉 표현보다는 훨씬 좋다. 사진 찍을 때마다 줄곧 무표정으로 일관하던 아이가 별안간 활짝 웃으며 인생 장면을 남기는 모습이 떠오르듯, 마치 잘 만든 국물 요리에 계속해서 숟가락이 가는 것과 같이, 순전히 '계속 마시고 싶다'라는 원초적인 마음을 부채질한다.

오늘도 마십니다, 맥주

초판 1쇄 발행 2019년 5월 24일

지은이 이재호
발행인 곽철식

책임편집 박주연
디자인 강수진
펴낸곳 다온북스
인쇄 영신사
출판등록 2011년 8월 18일 제311-2011-44호
주소 서울 마포구 토정로 222, 한국출판콘텐츠센터 313호
전화 02-332-4972 팩스 02-332-4872
전자우편 daonb@naver.com

ISBN 979-11-85439-05-1 (13590)

© 2019, 이재호

- 이 책은 저작권법에 따라 보호를 받는 저작물이므로 무단전재와 복제를 금하며, 이 책 내용의 전부 또는 일부를 사용하려면 반드시 저작권자와 다온북스의 서면 동의를 받아야 합니다.
- 잘못되거나 파손된 책은 구입한 서점에서 교환해 드립니다.

이 도서의 국립중앙도서관 출판예정도서목록(CIP)은 서지정보유통지원시스템 홈페이지(http://seoji.nl.go.kr)와 국가자료공동목록시스템(http://www.nl.go.kr/kolisnet)에서 이용하실 수 있습니다.(CIP제어번호: CIP2019018187)

- 다온북스는 독자 여러분의 아이디어와 원고 투고를 기다리고 있습니다.
책으로 만들고자 하는 기획이나 원고가 있다면, 언제든 다온북스의 문을 두드려 주세요.

DUNKEL
PILSENER
OUT
03
LAMBIC
HELLES
PINT
LAGER
DRAUGHT
BEER
PUB
ALT
PALE
ALTBIER
Beer
Oktoberfest
ALK

BOCK
PILSENER
DUNKEL
LAGER
PALE
Beer
ALT
BEER
PUB
DRAUGHT
HELLES
LAMBIC
STOUT
PINT
ALTBIER
0.3
Weißbier
Oktoberfest
ALK